PUTONG GAODENG YUANXIAO
SHIERWU TUMUGONGCHENG LEI GUIHUA XILIE JIAOCAI

普通高等院校"十二五"土木工程类规划系列教材

钢结构设计原理学习辅导与习题集

GANGJIEGOU SHEJI YUANLI XUEXI FUDAO YU XITIJI

主　编　李燕强

西南交通大学出版社
·成　都·

内容简介

本书为普通高等院校土木工程专业课程"钢结构设计原理"的学习辅导书，内容主要包括：钢结构的特点、设计方法，钢结构材料，钢结构连接的设计与计算（焊缝连接与螺栓连接），钢结构基本构件的设计与计算（轴心受力构件、受弯构件、拉弯和压弯构件）。每章均由重点内容提要、习题和习题答案组成。

本书可作为高等院校土木工程专业学生的学习辅导与自测练习书，也可作为相关专业技术人员的参考用书。

图书在版编目（CIP）数据

钢结构设计原理学习辅导与习题集 / 李燕强主编．—成都：西南交通大学出版社，2014.9（2023.3 重印）
普通高等院校"十二五"土木工程类规划系列教材
ISBN 978-7-5643-3376-8

Ⅰ. ①钢… Ⅱ. ①李… Ⅲ. ①钢结构–结构设计–高等学校–教学参考资料 Ⅳ. ①TU391.04

中国版本图书馆 CIP 数据核字（2014）第 204606 号

普通高等院校"十二五"土木工程类规划系列教材
钢结构设计原理学习辅导与习题集
李燕强　主编

责 任 编 辑	曾荣兵
封 面 设 计	何东琳设计工作室
出 版 发 行	西南交通大学出版社
	（四川省成都市金牛二环路北一段 111 号
	西南交通大学创新大厦 21 楼）
发行部电话	028-87600564　028-87600533
邮 政 编 码	610031
网　　　址	http://www.xnjdcbs.com
印　　　刷	四川森林印务有限责任公司
成 品 尺 寸	185 mm×260 mm
印　　　张	9.75
字　　　数	267 千字
版　　　次	2014 年 9 月第 1 版
印　　　次	2023 年 3 月第 4 次
书　　　号	ISBN 978-7-5643-3376-8
定　　　价	29.00 元

课件咨询电话：028-87600533
图书如有印装质量问题　本社负责退换
版权所有　盗版必究　举报电话：028-87600562

前 言

"钢结构设计原理"是土木工程专业的主干课程,也是专业基础课。这门课程具有很强的实践性,对学生分析问题的能力、动手计算的能力要求高。它还有其他的明显特点:内容多,知识细,公式多,符号多,规范要求多,而且理论性强,有些内容生涩难懂。为帮助学习者理解课程主要知识,培养计算能力,特编写本书作为课程学习的"伴侣"。

本书每章由重点内容提要、习题和习题答案三部分组成。根据大土木专业的教学大纲,并结合应用为主的专业特点,各章内容紧抓对理论体系的整体理解,侧重知识的实际应用。重点内容提要尽量明确地总结出主要知识点,对一些常涉及的规范条文也进行了列举。习题包括填空题、选择题、简答题和计算题,其中填空题、选择题以细小、深入的知识为主,重在记忆、理解;简答题重在总结;计算题则较全面地涵盖了所有计算类型,希望重点培养学生分析、解决实际问题的能力。在习题答案部分,计算题先进行解题分析,再列出详细的解题过程,能帮助学习者建立正确的思考方式。

本书与《钢结构设计原理》教材对应,共分为六章,分别对钢结构特点、设计方法、材料、连接、构件进行了梳理、总结。

参加本书编写的有西南交大峨嵋校区李燕强(第一、二、三、五章)、李兰平(第四章)、严传坤(第六章),由李燕强主编,康锐主审。

在本书的编写过程中得到了西南交通大学出版社的大力支持和帮助,在此表示衷心的感谢!

由于编者水平有限,加之时间紧促,书中难免有疏漏之处,敬请广大读者批评指正。

编　者
2014 年 6 月

目 录

第1章 绪 论 ······ 1
  1.1 本章重点内容提要 ······ 1
  1.2 习 题 ······ 4

第2章 钢结构的材料 ······ 8
  2.1 本章重点内容提要 ······ 8
  2.2 习 题 ······ 12

第3章 钢结构的连接 ······ 21
  3.1 本章重点内容提要 ······ 21
  3.2 习 题 ······ 38

第4章 轴心受力构件 ······ 70
  4.1 本章重点内容提要 ······ 70
  4.2 习 题 ······ 82

第5章 受弯构件——梁 ······ 96
  5.1 本章重点内容提要 ······ 96
  5.2 习 题 ······ 109

第6章 拉弯和压弯构件 ······ 131
  6.1 本章重点内容提要 ······ 131
  6.2 习 题 ······ 137

参考文献 ······ 150

第1章 绪 论

1.1 本章重点内容提要

1.1.1 钢结构的特点及应用

钢结构是钢材制成的工程结构，通常由型钢和钢板等制成的梁、桁架、板等构件组成，各部分之间用焊缝、螺栓或铆钉连接；有些钢结构还部分采用钢丝绳或钢丝束（斜拉桥和悬索桥）。

钢结构具有以下优缺点：

（1）强度高，质量轻。

钢材强度高，弹性模量亦高，因而钢构件自重轻（只有相同情况下钢筋混凝土的 1/4～1/3）、截面小，进而可以做成跨度较大的结构；同时，因截面小，进而可以少占空间，便于运输、安装。

（2）材质均匀，可靠性高。

钢材组织均匀，接近于各向同性匀质体，与材料力学的假设一致，因此其实际工作性能与理论计算结果相符，结构可靠性较高。

（3）塑性和韧性好。

钢材的抗拉和抗压强度相同，塑性和韧性均好，适于承受冲击和动力荷载，有较好的抗震性能。

（4）工业化程度高。

钢结构由轧制型材和钢板在工厂机械化制造，生产效率高，速度快，成品精度较高，质量易于保证，是工程结构中工业化程度最高的一种结构。

（5）重复利用率高，绿色环保。

（6）具有可焊性。

（7）密封性好。

（8）耐热性好。

结构表面温度在 200 ℃ 以内时，钢材强度变化很小，因而钢结构适用于热车间。但结构表面长期受辐射热达 150 ℃ 时，应采用隔热板加以防护。

（9）耐火性差。

钢材表面温度达 300～400 ℃ 以后，其强度和弹性模量显著下降，600 ℃ 时几乎降到零。当耐火要求较高时，需要采取保护措施，如在钢结构表面包混凝土或其他防火板材，或在构件表面喷涂一层含隔热材料和化学助剂等防火涂料，以提高耐火等级。

（10）耐锈蚀性差。

钢结构在潮湿和有腐蚀性介质的环境中，容易腐蚀，需要定期维护，增加了维护费用。

（11）存在低温冷脆倾向。

基于钢结构的如上特点，它常用作以下结构：

承受重型荷载的结构（重型工业厂房）、承受动力荷载的结构（桥梁）、大跨度（机库、桥梁）或高耸结构（多层与高层建筑、电视塔），拼装式和可拆卸结构（活动板房、施工支架），容器与管线等密封性要求高的结构（油罐、天然气输送线、船舶），轻型钢结构（仓储房），复杂造型的结构。

1.1.2 钢结构的类型

钢结构的常见类型有：梁、桁架、框架、拱、壳、索等。

任何钢结构都是由轴心受力构件（轴心受拉或受压构件）、受弯构件、偏心受力构件（拉-弯构件、压弯构件）、拉索、板、壳等基本构件组成，并通过焊接或螺栓连接等形成空间稳定体系。

1.1.3 钢结构的设计方法

钢结构的设计要求：技术先进、经济合理、安全适用、确保质量。

钢结构目前采用两种设计方法：容许应力设计法和以概率理论为基础的极限状态设计法。

1. 容许应力设计法

它把影响结构的各种因素都当做不变的定值，将可以使用的最大强度除以一个笼统的安全系数作为容许达到的最大应力即容许应力，即

$$\sigma \leqslant \frac{f_y}{K} = [\sigma]$$

优点：表达简洁、计算比较简单。

缺点：由于笼统地采用了一个安全系数，将使各构件的安全度各不相同，从而使整个结构的安全度取决于安全度最小的构件，有的过于安全，有的又不够安全。

目前，我国铁路钢结构与公路钢结构规范采用该法，疲劳计算也采用该法。

2. 极限状态设计法

钢结构按承载能力极限状态与正常使用极限状态进行设计。

前者对应于结构破坏等，后者对应于影响结构的使用但不立即破坏，故前者危害更大。

承载能力极限状态包括：构件和连接的强度破坏、疲劳破坏和因过度变形而不适于继续承载，结构和构件丧失稳定，结构转变为机动体系和结构倾覆。

正常使用极限状态包括：影响结构、构件和非结构构件正常使用或外观的变形，影响正常使用的振动，影响正常使用或耐久性能的局部损坏（包括混凝土裂缝）。

极限状态法用分项系数设计表达式进行计算。

（1）承载能力极限状态表达式。

① 可变荷载效应控制的组合：

$$\gamma_0 \left(\sum_{j=1}^{m} \gamma_{G_j} S_{G_j k} + \gamma_{Q_1} \gamma_{L_1} S_{Q_1 k} + \sum_{i=2}^{n} \gamma_{Q_i} \gamma_{L_i} \psi_{c_i} S_{Q_i k} \right) \leqslant R_d$$

② 永久荷载效应控制的组合：

$$\gamma_0 \left(\sum_{j=1}^{m} \gamma_{G_j} S_{G_j k} + \sum_{i=1}^{n} \gamma_{Q_i} \gamma_{L_i} \psi_{c_i} S_{Q_i k} \right) \leqslant R_d$$

式中　γ_0——结构重要性系数，对应安全等级分别取 1.1、1.0、0.9；
　　　γ_G——永久（恒）荷载分项系数；
　　　γ_{Q_1}，γ_{Q_i}——第一个和其他任意第 i 个可变（活）荷载的分项系数，一般情况取 1.4；
　　　S_{G_k}——按永久荷载标准值计算的永久荷载效应值；
　　　$S_{Q_1 k}$，$S_{Q_i k}$——按第一个和其他任意第 i 个可变荷载标准值计算的可变荷载效应（内力）值；
　　　ψ_{c_i}——第 i 个可变荷载的组合值系数（当风荷载与其他可变荷载组合时，采用 0.6；对无风荷载的组合，采用 1.0；
　　　γ_{L_i}——第 i 个可变荷载考虑设计使用年限的调整系数。
　　　R_d——结构构件抗力设计值。

③ 荷载偶然组合的效应：

$$\gamma_0 \left(\sum_{j=1}^{m} S_{G_j k} + S_{A_d} + \psi_{f_1} S_{Q_1 k} + \sum_{i=2}^{n} \psi_{q_i} S_{Q_i k} \right) \leqslant R_d$$

式中　S_{A_d}——按偶然荷载标准值 A_d 计算的荷载效应值；
　　　ψ_{f_1}——第 1 个可变荷载的频遇值系数；
　　　ψ_{q_i}——第 i 个可变荷载的准永久值系数。

（2）正常使用极限状态设计表达式。

对于正常使用极限状态，应根据不同的设计要求，采用荷载的标准组合、频遇组合或准永久组合，并应按下列设计表达式进行设计：

$$S_d \leqslant C$$

式中　C——结构或结构构件达到正常使用要求的规定限值。

荷载标准组合的效应设计值 S_d 应按下式进行计算：

$$S_d = \sum_{j=1}^{m} S_{G_j k} + S_{Q_1 k} + \sum_{i=2}^{n} \psi_{c_i} S_{Q_i k}$$

荷载频遇组合的效应设计值 S_d 应按下式进行计算：

$$S_d = \sum_{j=1}^{m} S_{G_j k} + \psi_{f_1} S_{Q_1 k} + \sum_{i=2}^{n} \psi_{q_i} S_{Q_i k}$$

荷载准永久组合的效应设计值 S_d 应按下式进行计算：

$$S_d = \sum_{j=1}^{m} S_{G_j k} + \sum_{i=2}^{n} \psi_{q_i} S_{Q_i k}$$

特别强调：对承载能力极限状态，计算结构或构件的强度、稳定性以及连接的强度时，应采用荷载设计值（荷载标准值乘以荷载分项系数）；计算疲劳时，应采用荷载标准值。对于正常使用极限状态，应根据不同的设计要求，采用荷载的标准值、频遇值或准永久值。

1.2 习 题

1.2.1 填空题

1. 建筑结构的安全性、适用性、耐久性统称为结构的_____。
2. 概率极限设计方法是以_____来衡量结构或构件的可靠程度的。
3. 某构件当其失效概率增大时，相应可靠指标 β 将_____，结构可靠性_____。
4. 在钢结构承载能力极限状态设计表达式 $\gamma_0 S \leqslant R$ 中，γ_0 _____为系数。
5. 作用按其随时间的变异性可分为_____、_____和_____。
6. 对结构构件进行_____极限状态计算时应采用荷载的标准值或频遇值或准永久值。
7. 承载能力极限状态计算中，计算强度、稳定时，应采用荷载_____值；计算疲劳时应采用荷载_____值。
8. 我国现行国标钢结构设计规范中，除疲劳计算外，采用以_____为基础，以_____表达的极限状态设计方法，并将极限状态分为_____极限状态和_____极限状态。
9. 钢材的设计强度等于钢材的屈服强度 f_y 除以_____。

1.2.2 选择题

1. 大跨度结构常采用钢结构的主要原因是钢结构（　　）。
   A. 拆装方便　　　B. 强度高、自重轻　　　C. 工业化程度高　　　D. 韧性好
2. 钢结构适合承受动力荷载，主要原因是（　　）。
   A. 材质均匀　　　B. 塑性好　　　C. 可焊接好　　　D. 韧性好
3. 对于安全等级为一、二、三级的结构构件，其重要性系数 γ_0 应分别取（　　）。
   A. 1.3、1.2、1.1　　　　　　　　B. 1.2、1.1、1.0
   C. 1.1、1.0、0.9　　　　　　　　D. 1.0、0.9、0.8
4. 现行国标钢结构设计规范采用的结构设计方法是（　　）。
   A. 容许应力法　　B. 一次二阶矩极限状态设计法（近似概率法）
   C. 全概率法　　　D. 半概率半经验设计法（半概率法）
5. 下列（　　）项极限状态为承载能力极限状态。
   A. 影响正常使用或耐久性的局部损坏　　B. 影响正常使用的振动
   C. 整个结构作为刚体失去平衡　　　　　D. 影响正常使用或外观的变形
6. 下列（　　）项极限状态为正常使用极限状态。
   A. 结构变为机动体系　　　　　　　　　B. 影响正常使用的振动
   C. 结构丧失稳定　　　　　　　　　　　D. 构件间连接出现断缝
7. 在进行正常使用极限状态计算时，计算用的荷载（　　）。
   A. 应将永久荷载标准值乘以永久荷载分项系数

B. 应将可变荷载标准值乘以可变荷载分项系数

C. 永久荷载和可变荷载均乘以各自的分项系数

D. 永久荷载和可变荷载均不乘荷载分项系数，应根据需要采用标准值、频遇值或准永久值

8. 钢结构按承载能力极限状态设计时，荷载值应取（   ）。

A. 荷载标准值　　　　　　　　　　B. 荷载设计值

C. 荷载准永久值　　　　　　　　　D. 荷载平均值

1.2.3　简答题

1. 简述钢结构的优缺点。

2. 为什么说钢结构较为安全可靠？

3. 容许应力法中结构的安全系数和概率极限状态设计法中结构的可靠度有何区别？

1.2.4　计算题

（1）一外伸钢梁，跨度 $l = 6$ m，外伸臂长 2 m，承受永久荷载（标准值）$g_k = 20$ kN/m，可变荷载（标准值）$q_k = 10$ kN/m。试计算：（1）AB 段的跨中最大弯矩设计值；（2）B 支点处的最大弯矩设计值。

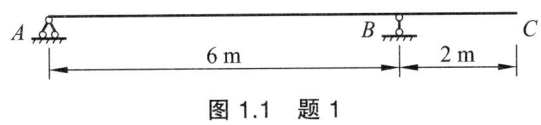

图 1.1　题 1

习题答案

1.2.1　填空题

1. 可靠性
2. 可靠指标 β
3. 减小，降低
4. 结构或构件重要性系数
5. 永久荷载、可变荷载和偶然荷载
6. 正常使用
7. 设计，标准

8. 概率，分项系数，承载能力，正常使用

9. 材料的抗力分项系数 γ_R

1.2.2 选择题

1	2	3	4	5	6	7	8	9	10	11	12	13	14	15	16
B	D	C	B	C	B	D	B								

1.2.3 简答题

1. 钢结构的优点有：① 强度高，质量轻，适合用于大跨、重型结构；② 材质均匀，可靠性高；③ 塑性和韧性好，适合承受动力荷载；④ 工业化程度高，制造质量高，建造工期短；⑤ 重复利用率高，绿色环保；⑥ 具有可焊性，可适应复杂构造需要；⑦ 密封性好；⑧ 耐热性好。

缺点有：① 耐火性差，当结构耐火要求较高时，需要采取保护措施，以提高耐火等级。② 耐锈蚀性差，需要定期维护，增加了维护费用。③ 存在低温冷脆倾向，破坏后果严重。

2. 由于钢材具有良好的塑性和韧性。塑性好能保证结构不会因偶尔的超载而发生破坏；韧性好能保证在动力荷载作用下不发生突然破坏。此外，钢材材质均匀，且非常接近各向同性，符合力学计算的基本假定条件，因此计算结果与实际相符，使设计的结构更加可靠。

3. 容许应力法中为保证结构安全而笼统地引入了一个安全系数，系数值由工程经验确定。它忽视了作用效应和结构抗力的变异性，也未考虑结构各构件或各部位之间承载能力的差异，因此此系数会导致有的过于安全，有的安全储备不足。概率极限状态设计法中从结构的安全性、适用性和耐久性三个方面反映结构完成其功能要求的能力，并从概率的角度给结构的可靠性进行量化分析，得到衡量结构可靠性的指标即可靠度。它比安全系数更全面、科学。

1.2.4 计算题

1. 解：（1）计算 AB 段的跨中最大弯矩时，AB 段上的永久荷载分项系数取 1.2，BC 段则取 1.0，因 BC 段永久荷载对 AB 段跨中弯矩有利，且 BC 段上不加载可变荷载，如图 1.2（a）所示。

设与 A 端距离为 x 的位置弯矩最大（此处截面剪力为 0）。

先求 A 支承处的反力 R_A，根据，得 $R_A = 107.33$ kN

根据 $V = 0$，得 $x = 2.82$ m

则 AB 段跨中的最大弯矩设计值为

$$M_{max} = R_A x - (1.4q_k + 1.2q_k)x^2/2$$
$$= 107.33 \times 2.82/(1.4 \times 10 + 1.2 \times 20) \times \frac{2.82^2}{2}$$
$$= 151.28 \text{ (kN·m)}$$

（2）计算 B 支点处的最大弯矩设计值时 BC 段上的永久荷载分项系数取 1.2，可变荷载分项系数取 1.4，如图 1.2（b）所示。由此 B 支点处的最大弯矩设计值为

$$M_{\max} = (1.4q_k + 1.2g_k) \times \frac{2^2}{2} = 76 \ (\text{kN} \cdot \text{m})$$

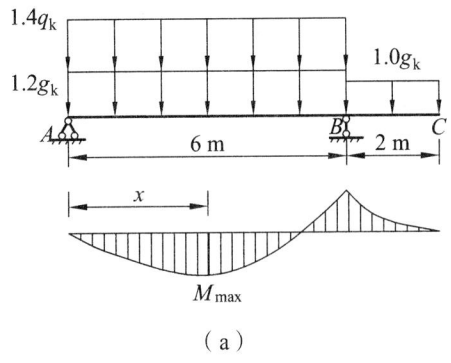
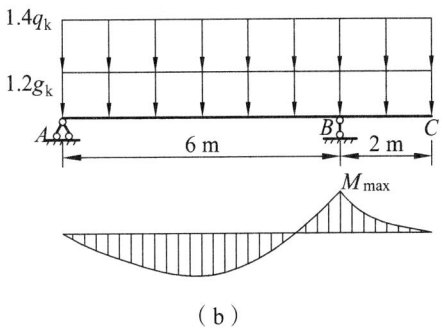

图 1.2

第 2 章 钢结构的材料

2.1 本章重点内容提要

2.1.1 钢结构对钢材的性能要求

《钢结构设计规范》(GB 50017—2003)推荐的承重结构用钢有碳素钢 Q235 和低合金高强度钢 Q345、Q390、Q420。它们应满足：有较高的强度，有良好的塑性、韧性，有足够的变形能力和适于冷热加工(包括焊接)的特点，还应具有抗侵蚀以及循环荷载作用等性能。

2.1.2 钢材的主要性能

钢材的主要性能有：强度、塑性、韧性、冷弯性能、Z 向性能以及可焊性。

1. 强 度

钢材的强度决定着材料的承载能力，结构用钢的主要强度指标有屈服点 f_y 和抗拉强度 f_u，通过标准试件的静力单向拉伸试验获取。下屈服点 f_y 为设计时钢材可达到的最大应力，作为设计强度标准值。抗拉强度 f_u 为钢材破坏前能够承受的最大应力。钢材应力达到 f_u 时，已产生很大塑性变形而失去使用性能，f_u 高可增加结构的安全保障，所以，强屈比 f_u/f_y 可看作钢材强度储备的系数。

2. 塑 性

钢材的塑性为应力超过屈服点后，材料产生明显的残余塑性变形而不断裂的性质。塑性好坏可用拉伸断裂时的最大相对塑性变形伸长率 δ 和断面收缩率 ψ 表示。δ 值和 ψ 值可以通过标准试件的静力拉伸试验得到。

钢材塑性好，则结构破坏前变形明显，可减少脆性破坏的危险；塑性好的材料还会发生应力重分布，削减局部高峰应力。结构或构件在受力时(尤其承受动力荷载时)材料的塑性好坏往往决定了结构是否安全可靠，因此钢材塑性指标比强度指标更为重要。

3. 韧 性

钢材的韧性是钢材在塑性变形和断裂的过程中吸收能量的能力，也是表示钢材抵抗冲击荷载的能力，它是强度与塑性的综合表现。通常采用夏比试验法测得钢材的冲击韧性。钢结构设计规范对钢材的冲击韧性采用单位截面积上消耗的冲击功 a_k 衡量，且有常温和低温要求的规定。选用钢材时，根据结构的使用情况和要求提出相应温度的冲击韧性指标要求。

韧性好表示在动力荷载作用下发生破坏需要吸收较多的能量，同样可减少发生脆性破坏的危险。对于采用塑性设计的结构和位于地震区的结构，钢材变形能力的大小具有特别重要的意义。

4. 冷弯性能

冷弯性能是指钢材在冷加工（常温下加工）产生塑性变形时，对产生裂缝的抵抗能力。冷弯性能的好坏，通过使钢材承受规定弯曲程度的弯曲变形后，检查试件弯曲部分的外面、里面和侧面是否有裂纹、裂断和分层来判断。

冷弯性能能同时部分反映钢材的塑性变形能力和冶金质量。

5. Z 向性能

当钢材较厚时或承受沿厚度方向的拉力时，要求钢材具有板厚方向的较大收缩性能，以防厚度方向发生分层、撕裂现象。Z 向性能一般以断面收缩率 ψ_z 作为衡量指标，可通过试样的拉伸试验得到。

6. 可焊性

钢材的可焊性是指在一定的焊接工艺和结构条件下，钢材经过焊接后能够获得良好的焊接接头的性能，可分为施工上的可焊性和使用上的可焊性。

钢材的可焊性受碳含量和合金元素含量的影响，因此国际焊接学会（UV）用碳当量衡量可焊性。

2.1.3 影响钢材力学性能的因素

1. 化学成分

钢的基本元素为铁（Fe），其在普通碳素钢中约占 99%。此外，还常存在有益元素碳（C）、硅（Si）和锰（Mn）等，有害元素硫（S）、磷（P）、氧（O）、氮（N）等，这些元素的总含量约为 1%，但对钢材力学性能却有很大影响。

碳元素含量增大时，钢材强度提高，但塑性、韧性、冷弯性能、可焊性及抗锈蚀性能均下降。

锰、硅、钒、铌、钛、铝、铬、镍等合金元素，主要用于提高钢材的强度、塑性和韧性，但过量的合金元素会使钢材其他性能如可焊性明显下降。

硫、磷、氧、氮是钢材的有害元素，会使钢材的韧性下降，硫和氧易导致钢材热脆，磷和氮则易导致钢材冷脆。

2. 冶金和轧制过程

冶炼过程决定了钢材的化学成分和金相组织，也确定了钢材的分类和牌号。冶炼过程中产生的冶金缺陷（偏析、非金属夹杂、气孔、裂纹等）也将影响钢材的力学性能。

钢锭浇铸过程中，根据脱氧程度不同，钢材分为沸腾钢、镇静钢、半镇静钢和特殊镇静钢。沸腾钢脱氧程度低，氧、氮和一氧化碳气体从钢液中逸出，形成钢液的沸腾。沸腾钢的塑性、韧性、可焊性较差，容易发生时效硬化和变脆，但产量较高、成本较低。半镇静钢脱氧程度较高些，上述性能都略好。而镇静钢的脱氧程度高，性能好，但产量较低，成本较高。

3. 时效硬化

随着时间的增长，纯铁体中残留的碳、氧固溶物质逐步析出，形成自由的碳化物或氧化物微粒，约束纯铁体的塑性变形，此为时效硬化。

时效硬化可提高钢材的强度，降低塑性、韧性。时效硬化的过程可从几天到几十年。

4. 冷作硬化

钢结构在冷加工过程中引起的强度提高称为冷作硬化。冷加工包括：剪、冲、辊、压、折、钻、刨、铲、撑、敲等。

5. 温 度

一般情况下，温度升高时，钢材的力学性能变化不大。

温度达 250 °C 左右时，钢材抗拉强度提高，塑性、韧性下降，表面氧化膜呈蓝色，即发生蓝脆现象。

温度超过 300 °C 以后，钢材的屈服点和极限强高显著下降，达到 600 °C 时强度几乎等于零。

温度从常温下降到一定值，钢材的冲击韧性突然急剧下降，试件断口属脆性破坏，这种现象称为冷脆现象。钢材由韧性状态向脆性状态转变的温度区间叫冷脆转变温度。

6. 应力集中和残余应力

由于钢结构构件中存在孔洞、槽口、凹角、裂缝、厚度变化、形状变化、内部缺陷等，使这些区域产生局部高峰应力，此谓应力集中现象。应力集中越严重，钢材塑性越差。

残余应力为钢材在冶炼、轧制、焊接、冷加工等过程中，由于不均匀的冷却和组织构造的变化而在钢材内部产生的不均匀的应力。残余应力与外力无关，在构件内部自相平衡。残余应力的存在易使钢材发生脆性破坏。

7. 复杂应力状态

钢材在单向应力作用下，当应力达到屈服点 f_y 时，钢材屈服面进入塑性状态。当钢材处于复杂应力作用下（平面应力或立体应力），按能量强度理论（第四强度理论），以折算应力 σ_{eq} 是否大于 f_y 来判断钢材是否由弹性状态进入塑性状态。

根据 σ_{eq} 的计算公式可知，钢材在多轴应力作用下，当处于同号应力场时，钢材易产生脆性破坏；而当处于异号应力场时，将发生塑性破坏。

2.1.4 钢材的破坏形式

1. 钢材的两种破坏形式

钢材的破坏分塑性破坏和脆性破坏两种。

塑性破坏：加载后，钢材有较大变形，因此，破坏前有预兆，断裂时断口呈纤维状，色泽发暗。

脆性破坏：加载后，钢材无明显变形，因此，破坏前无预兆，断裂时断口平齐，呈有光泽的晶粒状。脆性破坏危险性大。

第 2 章 钢结构的材料

2. 影响脆性的因素

化学成分（P、N 导致冷脆，S、O 引起热脆）、冶金缺陷（偏析、非金属夹杂、裂纹、起层）、温度（热脆、低温冷脆）、冷作硬化、时效硬化、应力集中以及同号三向主应力状态等均会增加钢材的脆性。

2.1.5 钢结构的疲劳验算

在建筑结构中，有些构件承受随时间而变化的循环荷载，如吊车梁和支撑振动设备的平台梁等，对这样的构件需进行疲劳计算。

每次应力循环中的最大拉应力和最小拉应力或压应力（拉应力取正值，压应力取负值）之差为应力幅。所有应力循环中的应力幅保持常量时，称为常幅循环荷载；应力循环中的应力幅不为常量时，则称为变幅循环荷载。

钢材在连续常幅循环荷载作用下，当循环次数达到某一定值时，尽管钢材应力未达到抗拉强度，甚至未达到屈服强度，但仍发生破坏的现象，称为钢材的疲劳破坏。疲劳破坏属于脆性破坏。

疲劳计算采用容许应力幅法。影响钢结构疲劳的因素很多，主要有构造状态（包括应力集中程度和残余应力）、应力分类（循环特征）及其应力幅值、循环荷载重复次数、工作环境、材料分类等。

试验表明，对于钢结构的非焊接部位，疲劳性能是由应力比与最大应力决定的；但对于焊接部位，则主要与应力幅有关。

2.1.6 建筑钢材的类别与选用

1. 结构钢材的分类

按冶炼方法分：转炉钢、平炉钢。
按脱氧方法：沸腾钢、半镇静钢、镇静钢、特殊镇静钢。
按成型方法：轧制钢、锻钢、铸钢。
按化学成分：碳素钢、低合金高强度钢、优质碳素钢。

2. 钢材的牌号表示

碳素钢和低合金钢的牌号均表示为：Q×××[ ]{ }。
Q 意为屈服强度，是"屈"字拼音的首字母。
×××：屈服强度数值，单位为 N/mm^2。
[ ]：质量等级的符号，有 A、B、C、D、E 五级。A 级无冲击韧性要求，B 级指定了 20 ℃时的冲击韧性要求，C 级指定了 0 ℃时的冲击韧性要求，D 级指定了 -20 ℃时的冲击韧性要求，E 级指定了 -40 ℃时的冲击韧性要求。低合金高强度钢才有 E 级。A 级质量最差，E 级最好。
{ }：钢材脱氧方法的符号，有 F（沸腾钢）、b（半镇静钢）、Z（镇静钢）、TZ（特殊镇静钢），但 Z、TZ 通常省略不写。

11

3. 钢材的规格

（1）热轧钢板—厚×宽×长（单位：mm）。

（2）热轧型钢。

角钢：等边角钢∟肢宽×厚度（单位：mm），不等边角钢∟长肢宽×短肢宽×厚度（单位：mm）。

槽钢：[截面高度+a（b、c），截面高度以cm为单位，a、b、c根据腹板厚度类别确定。

工字钢：I截面高度+a（b、c），截面高度以cm为单位，a、b、c根据腹板厚度类别确定。

钢管：ϕ外径×壁厚（单位：mm）。

4. 钢材的选用

为保证承重结构的承载能力和防止在一定条件下出现脆性破坏，应根据结构的重要性、荷载特征、结构形式、应力状态、连接方法、钢材厚度和工作环境等因素综合考虑，选用合适的钢材牌号和材性。

承重结构的钢材宜采用 Q235、Q345、Q390、Q420。

下列情况的承重结构和构件不应采用 Q235 沸腾钢：

焊接结构：

（1）直接承受动力荷载或振动荷载且需要验算疲劳的结构；

（2）工作温度低于－20 ℃ 时直接承受动力荷载或振动荷载但可不验算疲劳的结构以及承受静力荷载的受弯及受拉的重要承重结构；

（3）工作温度等于或低于－30 ℃ 的所有承重结构。

非焊接结构：工作温度等于或低于－20 ℃ 的直接承受动力荷载且需要验算疲劳的结构。

承重结构采用的钢材应具有抗拉强度、伸长率、屈服强度和硫、磷含量的合格保证，对焊接结构尚应具有碳含量的合格保证。焊接承重结构以及重要的非焊接承重结构采用的钢材还应具有冷弯试验的合格保证。

对于需要验算疲劳的焊接结构的钢材，应具有常温冲击韧性的合格保证。当结构工作温度不高于 0 ℃ 但高于－20 ℃ 时，对 Q235 钢和 Q345 钢应具有 0 ℃ 冲击韧性的合格保证；对 Q390 钢和 Q420 钢应具有－20 ℃ 冲击韧性的合格保证。当结构工作温度不高于－20 ℃ 时，对 Q235 钢和 Q345 钢应具有－20 ℃ 冲击韧性的合格保证；对 Q390 钢和 Q420 钢应具有－40 ℃ 冲击韧性的合格保证。

对于需要验算疲劳的非焊接结构的钢材亦应具有常温冲击韧性的合格保证。当结构工作温度不高于－20 ℃ 时，对 Q235 钢和 Q345 钢应具有 0 ℃ 冲击韧性的合格保证；对 Q390 钢和 Q420 钢应具有－20 ℃ 冲击韧性的合格保证。

2.2 习　题

2.2.1 填空题

1. 在普通碳素钢中，随着含碳量的增加，钢材的屈服点和极限强度_____，塑性_____，韧性_____，可焊性_____，疲劳性能_____。

第 2 章 钢结构的材料

2. 钢材的硬化，提高了钢材的_____，降低了钢材的_____。

3. 伸长率 σ_{10} 和伸长率 σ_5，分别为标距长 $l=$ _____ 和 $l=$ _____ 的试件拉断后的_____。

4. 钢材在低温下，随温度的降低，强度_____，塑性_____，韧性_____。

5. 钢材的两种破坏形式为_____和_____，设计时应当力求在结构破坏时呈_____，以免产生严重的后果。

6. 常幅疲劳用公式 $\Delta\sigma \leqslant [\Delta\sigma]$ 计算，式中 $\Delta\sigma$ 表示_____。

7. 钢材的受剪屈服强度 f_{vy} 由_____理论确定，它与屈服强度 f_y 的关系为_____。

8. 冷弯性能是判别钢材_____和_____的综合指标。

9. 钢材在复杂应力状态下，钢材屈服的条件是折算应力等于或大于钢材的_____。

10. 按_____的不同，钢材有镇静钢和沸腾钢之分。

11. 在连续反复荷载作用下，当应力比 $\rho = -1$ 时称为_____。

12. 钢材的冲击韧性受温度影响很大，温度越低，冲击韧性越_____。在 $-20\ ^\circ\text{C}$ 或在 $-40\ ^\circ\text{C}$ 所测得的 α_k 值称为_____。

13. 通过标准试件单向拉伸试验，可确定钢材力学性能指标：抗拉强度 f_u、_____ 和 _____。

14. 钢材中化学杂质元素分布不均匀的现象称为_____。

15. 型钢符号 I32b 的符号含义是：I 表示_____，32 表示_____，b 表示_____。

16. 韧性是钢材在塑性变形和断裂过程中_____的能力，亦即钢材抵抗_____荷载的能力。

17. 钢材在 250°C 左右时抗拉强度略有提高，塑性却降低的现象称为_____现象。

18. 在疲劳设计时，经过统计分析，把各种构件和连接分为_____类，相同应力循环次数下，类别越高，容许应力幅越_____。

19. 对非焊接部位，疲劳承载力是由_____与_____决定的，但焊接部位则是由_____决定的。

20. 当钢材厚度较大时或承受沿板厚方向的拉力作用时，应附加_____要求。

21. 钢中含硫量太多会引起钢材的_____；含磷量太多会引起钢材的_____。

22. 加荷速度增大，钢材的屈服点将_____，韧性_____。

23. 对于无屈服点的高强钢材，一般将相当于残余应变为_____时的应力作为屈服强度。

24. 钢材受三向同号拉应力作用时，即使三向应力绝对值很大，甚至大大超过屈服点，但若应力差值不大，材料不易进入_____状态，发生的破坏为_____破坏。

25. 如果钢材具有_____性能，那么钢结构在一般情况下就不会因偶然或局部超载而发生突然断裂。

26. 应力集中易导致钢材脆性破坏的原因在于应力集中处_____受到约束。

27. 影响构件疲劳强度的主要因素有重复荷载的循环次数、_____和_____。

28. 随着温度下降，钢材的_____倾向增加。

29. 根据循环荷载的类型不同，钢结构的疲劳分_____和_____两种。

30. 衡量钢材抵抗冲击荷载能力的指标称为_____。它的值越小，表明击断试件所耗的能量越_____，钢材的韧性越_____。

31. 对于焊接结构，除应限制钢材中硫、磷的极限含量外，还应限制_____的含量不超过规定值。

32. 随着时间的增长，钢材强度提高，塑性和韧性下降的现象称为_____。

33. 在平面或立体应力作用下，钢材是否进入塑性状态，应按_____理论，用_____应力和单向拉伸时的屈服点相比较来判定。

34. 钢材在冶炼和浇铸过程中常见的冶金缺陷有_____、_____、_____、_____等。

2.2.2 选择题

1. 钢材进入低温后随温度的降低，强度（   ），塑性（   ），冲击韧性（   ）。
   A. 提高   B. 下降
   C. 不变   D. 可能提高也可能下降

2. 钢材应力应变关系的理想弹塑性模型是（   ）。

    A   B   C   D

3. 在构件发生断裂破坏前，有明显先兆是（   ）的典型特征。
   A. 脆性破坏   B. 塑性破坏   C. 强度破坏   D. 失稳破坏

4. 建筑钢材的伸长率与标准拉伸试件（   ）标距长度的伸长值有关。
   A. 达到屈服应力时   B. 达到极限应力时
   C. 试件塑性变形后   D. 试件断裂后

5. 钢材的设计强度是根据（   ）确定的。
   A. 比例极限   B. 弹性极限   C. 屈服点   D. 极限强度

6. 结构工程中使用钢材的塑性指标，目前最主要用（   ）表示。
   A. 流幅   B. 冲击韧性   C. 可焊性   D. 伸长率

7. 钢材牌号 Q235、Q345、Q390 是根据材料（   ）命名的。
   A. 屈服点   B. 设计强度   C. 标准强度   D. 含碳量

8. 钢材的剪切模量数值（   ）弹性模量数值。
   A. 高于   B. 低于   C. 相等于   D. 近似于

9. 钢材经历了应变硬化（应变强化）之后（   ）。
   A. 强度提高   B. 塑性提高
   C. 冷弯性能提高   D. 可焊性提高

10. Q235 镇静钢设计强度可以提高 5%，是因为镇静钢（   ）比沸腾钢的好。
    A. 脱氧程度   B. 炉种   C. 韧性   D. 塑性

11. 下列因素中（   ）与钢构件发生脆性破坏无直接关系。

A. 钢材屈服点的大小　　　　　　　　B. 钢材含碳量
C. 负温环境　　　　　　　　　　　　D. 应力集中

12. 同类钢种的钢板，厚度越大，（　　）。
    A. 强度越低　　　　　　　　　　　B. 塑性越好
    C. 韧性越好　　　　　　　　　　　D. 内部构造缺陷越少

13. 钢材的抗剪设计强度 f_v 与 f 有关，一般而言，$f_v = $（　　）。
    A. $f/\sqrt{3}$　　B. $\sqrt{3}f$　　C. $f/3$　　D. $3f$

14. 钢材在复杂应力状态下的屈服条件是（　　）等于单向拉伸时的屈服点。
    A. 最大主拉应力 σ_1　　　　　　B. 最大剪应力 τ_1
    C. 最大主压应力 σ_3　　　　　　D. 折算应力 σ_{eq}

15. α_k 是钢材的（　　）指标。
    A. 韧性性能　　　　　　　　　　　B. 强度性能
    C. 塑性性能　　　　　　　　　　　D. 冷加工性能

16. 国标钢结构设计规范规定：进行疲劳验算时，计算应力幅应按（　　）计算。
    A. 标准荷载　　　　　　　　　　　B. 设计荷载
    C. 考虑动力系数的标准荷载　　　　D. 考虑动力系数的设计荷载

17. 沸腾钢与镇静钢冶炼浇注方法的主要不同之处是（　　）。
    A. 冶炼温度不同
    B. 冶炼时间不同
    C. 沸腾钢不加脱氧剂
    D. 两者都加脱氧剂，但镇静钢加强脱氧剂脱氧

18. 符号 ∟125×80×10 表示（　　）。
    A. 等肢角钢　　　　　　　　　　　B. 不等肢角钢
    C. 钢板　　　　　　　　　　　　　D. 槽钢

19. 假定钢材为理想的弹塑性体时，屈服点以前材料为（　　）。
    A. 非弹性的　　　　　　　　　　　B. 塑性的
    C. 弹塑性的　　　　　　　　　　　D. 完全弹性的

20. 在钢结构的构件设计中，认为钢材屈服点是构件可以达到的（　　）。
    A. 最大应力　　　　　　　　　　　B. 设计应力
    C. 疲劳应力　　　　　　　　　　　D. 稳定临界应力

21. 承重结构的钢材，应根据结构的重要性、使用环境等不同情况选择其钢号和材质，下列哪一种说法是不正确的？（　　）
    A. 承重结构的钢材应具有抗拉强度、伸长率、屈服强度和硫、磷含量的合格保证。
    B. 承重结构的钢材必要时尚应具有冷弯试验的合格保证。
    C. 对重级工作制的非焊接吊车梁、吊车桁架等钢材，必要时亦应具有冲击韧性的合格保证。
    D. 工作温度等于或低于 −20 ℃ 时，对需要验算疲劳的焊接结构的 Q390 钢材需要有抗拉强度、屈服点、伸长率、冷弯180°及 −20 ℃ 时的冲击韧性的合格保证。

22. 在连续反复荷载作用下，当应力比 $\rho = \dfrac{\sigma_{\min}}{\sigma_{\max}} = -1$ 时，称为（   ）。

   A. 完全对称循环   B. 脉冲循环
   C. 不完全对称循环   D. 不对称循环

23. 钢材的力学性能指标，最基本、最主要的是（   ）时的力学性能指标。

   A. 承受剪切   B. 承受弯曲
   C. 单向拉伸   D. 双向和二向受力

24. 钢材的冷作硬化，使（   ）。

   A. 强度提高，塑性和韧性下降   B. 强度、塑性和韧性均提高
   C. 强度、塑性和韧性均降低   D. 塑性降低，强度和韧性提高

25. 承重结构用钢材应保证的基本力学性能有（   ）。

   A. 抗拉强度、伸长率   B. 抗拉强度、屈服强度、冷弯性能
   C. 抗拉强度、屈服强度、伸长率   D. 屈服强度、伸长率、冷弯性能

26. 对于承受静荷载常温工作环境下的钢屋架，下列说法不正确的是（   ）。

   A. 可选择 Q235 钢   B. 可选择 Q345 钢
   C. 钢材应有冲击韧性的保证   D. 钢材应有三项基本保证

27. 结构钢的屈服强度（   ）。

   A. 随厚度增大而降低，但与质量等级（A、B…）无关
   B. 随厚度增大而降低，并且随质量等级从 A 到 D（E）逐级提高
   C. 随厚度增大而降低，并且随质量等级从 A 到 D（E）逐级降低
   D. 随厚度增大而提高，并且随质量等级从 A 到 D（E）逐级降低

28. 钢结构设计中钢材的设计强度为（   ）。

   A. 强度标准值 f_k
   B. 钢材屈服点 f_y
   C. 强度极限值 f_u
   D. 钢材的强度标准值除以抗力分项系数 f_k/γ_R

29. 结构钢材的伸长率（   ）。

   A. $\delta_5 < \delta_{10}$ B. $\delta_5 > \delta_{10}$
   C. $\delta_5 = \delta_{10}$ D. δ_5 与 δ_{10} 无法比较大小

30. 下列论述中不正确的是（   ）。

   A. 强度和塑性都是钢材的重要性能
   B. 钢材的强度指标比塑性指标更重要
   C. 工程上塑性指标主要用伸长率表示
   D. 同种钢号中，薄板的强度高于厚板的强度

31. 钢材内部除含有 Fe、C 外，还含有害元素（   ）。

   A. N, O, S, P   B. N, O, Si
   C. Mn, O, P   D. Mn, Ti

32. 在低温工作（$-20\ ^\circ C$）的钢结构选择钢材除强度、塑性、冷弯性能指标外，还需（   ）指标。

A. 低温屈服强度 B. 低温抗拉强度
C. 低温冲击韧性 D. 疲劳强度

33. 普通碳素钢强化阶段的变形是（ ）。
A. 完全弹性变形 B. 完全塑性变形
C. 弹性成分为主的弹塑性变形 D. 塑性成分为主的弹塑性变形

34. 某构件发生脆性破坏，经检查发现在破坏时构件内存在下列问题，但可以肯定其中（ ）对该破坏无直接影响。
A. 钢材的屈服点不够高 B. 构件的荷载增加速度过快
C. 存在冷加工硬化 D. 构件有构造原因引起的应力集中

35. 应力集中越严重，钢材也就变得越脆，这是因为（ ）。
A. 应力集中降低了材料的屈服点
B. 应力集中产生同号应力场，使塑性变形受到约束
C. 应力集中处的应力比平均应力高
D. 应力集中降低了钢材的抗拉强度

36. 某元素超量严重降低钢材的塑性及韧性，特别是在温度较低时促使钢材变脆。该元素是（ ）。
A. 硫 B. 磷 C. 碳 D. 锰

37. 最易产生脆性破坏的应力状态是（ ）。
A. 单向压应力状态 B. 三向拉应力状态
C. 二向拉一向压的应力状态 D. 单向拉应力状态

38. 当钢材内的主拉应力 $\sigma_1 > f_y$，但折算应力 $\sigma_{eq} < f_y$ 时，说明钢材（ ）。
A. 可能发生屈服 B. 可能发生脆性破坏
C. 不会发生破坏 D. 可能发生破坏，但破坏形式难以确定

39. 当温度从常温开始升高时，钢的（ ）。
A. 强度随着降低，但弹性模量和塑性却提高
B. 强度、弹性模量和塑性均随着降低
C. 强度、弹性模量和塑性均随着提高
D. 强度和弹性模量随着降低，而塑性提高

2.2.3 简答题

1. 钢材有哪几项主要机械性能指标？各项指标可用来衡量钢材哪些方面的性能？各项指标是如何得到的？
2. 影响钢材性能的主要因素有哪些？
3. 简述钢材的塑性破坏和脆性破坏的区别。
4. 钢材在复杂应力作用下的屈服条件是什么？写出平面应力状态的实腹梁腹板折算应力公式。
5. 什么是钢材的疲劳？影响钢材疲劳的主要因素是什么？
6. 影响钢材脆断的因素有哪些？

7. 钢材的选用应考虑哪些因素？

8. 简述温度变化对钢材性能的影响。

9. 钢结构对材料有哪些基本要求？

10. 为什么薄钢板的机械性能较厚钢板好？

11. 什么是钢材的可焊性？可焊性分为哪两个方面？

习题答案

2.2.1 填空题

1. 提高，降低，降低，变差，降低

2. 强度，塑性

3. $10d$，$5d$，伸长量的百分率

4. 提高，降低，降低

5. 脆性破坏，塑性破坏，塑性破坏

6. 应力幅 $\sigma_{max} - \sigma_{min}$

7. 能量强度（第四强度），$f_{vy} = 0.58 f_y$

8. 塑性，冶金缺陷

9. 屈服强度

10. 脱氧方法

11. 完全对称循环

12. 差，负温冲击韧性指标

13. 屈服强度，伸长率

14. 偏析

15. 工字钢，截面总高度为 32 cm，腹板厚度类型为 b 类

16. 吸收能量，动力

17. 蓝脆

18. 8，低

19. 应力比，最大应力，应力幅

20. Z 向性能

21. 热脆，冷脆

22. 提高，降低

23. 0.2%

24. 塑性，脆性

25. 良好的塑性

26. 塑性变形

27. 应力种类，构造细节

28. 低温冷脆

29. 变幅疲劳，常幅疲劳

30. 冲击功 a_k，少，差

31. 碳
32. 时效硬化
33. 能量强度（第四强度），折算
34. 偏析，非金属夹杂，气孔，裂纹

2.2.2 选择题

1	2	3	4	5	6	7	8	9	10	11	12	13	14	15	16
A/B/B	A	B	D	C	D	A	B	A	A	A	A	A	D	A	A
17	18	19	20	21	22	23	24	25	26	27	28	29	30	31	32
D	B	D	A	D	A	C	A	C	C	A	D	B	B	A	C
33	34	35	36	37	38	39									
D	A	B	B	B	B	D									

2.2.3 简答题

1. 钢材的主要力学性能指标有：屈服强度 f_y、伸长率 δ、抗拉强度 f_u、冷弯角度、冲击功强度 α_k。屈服强度 f_y、抗拉强度 f_u 是衡量钢材强度的指标，伸长率 δ 衡量钢材塑性，冲击功 α_k 衡量钢材韧性，冷弯角度衡量钢材在常温下弯曲加工产生塑性变形时对裂纹的抵抗能力即冷弯性。屈服强度 f_y、伸长率 δ、抗拉强度 f_u 通过采用标准试件进行单向静力拉伸试验得到，冷弯角度通过对标准试件进行冷弯试验得到，冲击功 α_k 通过采用夏比 V 形缺口进行冲击试验得到。

2. 影响钢材性能的主要因素有：钢材的化学成分、冶金缺陷与轧制过程、温度、应力状态（应力集中、循环荷载作用等）、硬化、热处理、加载速度等。

3. 钢材的破坏分为塑性破坏和脆性破坏两种。塑性破坏：加载后有较大变形，破坏前征兆明显，断裂断口呈纤细状，色泽发暗。脆性破坏：加载无明显变形，破坏前无明显征兆，断口平齐，呈有色泽的晶粒状。脆性破坏的危害比塑性破坏明显要大，因此设计时要尽量使结构或构件发生破坏时以塑性破坏形式出现。

4. 钢材在复杂应力作用下的屈服条件根据能量强度理论得出，即折算应力 σ_{eq} 大于钢材单向拉伸时的屈服点 f_y。平面应力状态的实腹梁腹板折算应力 $\sigma_{eq} = \sqrt{\sigma^2 + 3\tau^2}$。

5. 钢材的疲劳破坏是指钢材在循环荷载作用下，应力小于材料抗拉强度，甚至小于屈服点，但经过荷载的反复多次作用后突然发生的破坏。影响钢材疲劳的因素很多，主要有：构件和构造细节（包括应力集中和残余应力状态）、应力种类、应力幅、应力循环次数等。

6. 影响钢材脆断的因素主要有：钢材质量差，如碳、硫、磷、氮等元素含量过高，夹渣等冶金缺陷严重，韧性差；结构构件构造不当，有严重的应力集中；制造安装质量差，特别是焊接残余应力严重；结构受有较大动力荷载或在较低环境温度下工作等。

7. 选择钢材的目的是要做到结构安全可靠，同时用材经济合理。为此选用钢材时应考虑：① 结构或构件的重要性；② 荷载性质（静载或动载）；③ 连接方法（焊、非焊接）；④ 应力特征，拉应力易使构件发生断裂，危害大，所以对受拉和受弯的构件应选用质量较好的材料；⑤ 结构所处的温度和环境，低温时钢材容易冷脆，露天环境容易产生时效，有害介质作用容易导致钢材腐蚀、疲劳和断裂；⑥ 钢材厚度，厚板的强度、塑性、韧性和焊接性能都较薄板差，因此厚板应采用材质较好的钢材。

8. 在正温度范围内，一般情况下，随着温度的提高，钢材的强度降低，变形增大，但在 200 ℃ 以内，性能变化小；钢材在 250 ℃ 时钢材抗拉强度提高，塑性、韧性下降，表面氧化膜呈蓝色，称为蓝脆现象；在 250～320 ℃ 温度区间产生徐变现象；在 600 ℃ 以下几乎丧失承载力。在负温度范围，钢材强度随温度降低而提高，但塑性和韧性下降，特别是冲击韧性下降很多。当温度从常温降到一定值时，钢材的冲击韧性突然急剧下降，称为冷脆现象。钢材由韧性破坏转变到时脆性破坏的温度叫冷脆转变温度。选用钢材时，钢材的冷脆转变温度必须小于结构所处的温度。

9. 钢结构要求材料有较高的强度，有良好的塑性、韧性，有足够的变形能力和适于冷热加工（包括焊接）的特点，还应具有抗侵蚀以及循环荷载作用的性能。

10. 在一定的范围内，薄板辊轧的次数多，轧制的压缩比大，钢的内部组织致密，厚度大的钢材压缩比小，组织欠佳，所以厚度大的钢材不但强度较小，而且塑性、冲击韧性和焊接性能也较差，且易产生三向残余应力。

11. 钢材的可焊性指在一定的材料、焊接工艺和结构条件下，钢材经过焊接能够获得良好的焊接接头的性能。可焊性分为施工上的可焊性和使用上的可焊性。施工上的可焊性是指焊缝金属产生裂纹的敏感性，以及由于焊接加热的影响，焊缝区钢材硬化和产生裂纹的敏感性；施工可焊性好，指在一定的焊接工艺条件下，焊缝金属和焊缝区钢材均不产生裂纹。使用上的可焊性指焊接接头和焊缝的韧性和热影响区的塑性，要求焊接构件在施焊后的机械性能不低于母材。

第 3 章　钢结构的连接

3.1　本章重点内容提要

3.1.1　钢结构连接方法概述

钢结构常用的连接方法有三种：焊缝连接、铆钉连接和螺栓连接。螺栓连接又分为普通螺栓连接和高强度螺栓连接。

焊缝连接是钢结构普遍采用的一种方法，其优点是不削弱截面、节省钢材、构造简单加工方便，连接的密封性好；刚度大，整体性好，易于采用自动化作业、生产率效高。缺点：焊缝附近热影响区材质变脆，在焊件中产生焊接残余应力和残余变形，对结构工作有不利影响，低温下易于发生脆断。

铆钉连接塑性、韧性好，传力可靠，质量易于检查，动力性能好。但其构造和施工复杂，现已较少采用。

普通螺栓连接装卸方便，施工设备简单，但对于钢结构常用的 C 级螺栓而言其抗剪承载力低，不适合直接受剪的连接。

高强度螺栓连接安装简单，可拆换，连接紧密，对摩擦型连接来讲，能承受动力荷载，耐疲劳，塑性好，韧性好。不过构件摩擦面需要特殊处理，安装工艺略为复杂，造价略高。目前，高强度螺栓连接已经广泛使用，替代了铆钉连接。

3.1.2　钢结构焊缝连接

1. 焊缝连接概述

（1）焊接方法。

常见的焊接方法有电弧焊、电阻焊和气焊。电弧焊又分手工焊、自动焊和半自动焊，是最常用的钢结构焊接方法；而电阻焊和气焊一般只用作构造焊缝。

（2）焊接形式。

按两焊件的相对位置，分为平接、搭接和顶接；按焊缝的构造形式分为对接焊缝和角焊缝。对接焊缝按受力方向与焊缝长度方向的关系，分为直缝、斜缝和斜缝；角焊缝按受力方向与焊缝长度方向的关系，分为端缝、侧缝和斜缝；按焊缝连续性，分为连续焊缝和断续焊缝；按施工位置，分为俯焊、立焊、横焊、仰焊。

（3）焊缝缺陷。

常见的焊缝缺陷有裂纹、气孔、夹渣、咬边、烧穿、弧坑、焊瘤、未焊透、未焊合等。

（4）焊缝质量检验。

焊缝质量检验一般采用外观检查和内部无损探伤两种。外观检查主要检查外观缺陷和几何尺寸；无损探伤采用超声波检测、X 射线或 γ 射线透照或拍片，检查焊缝内部缺陷。

《钢结构工程施工质量验收规范》（GB 50205）中规定焊缝按检验方法和质量要求分为一、二、三级。三级焊缝只要求对焊缝作外观检查且符合三级质量标准；一级、二级焊缝除外观检查应符合相应标准外，还要求超声波检验并符合相应级别的质量标准，若超声波探伤不能对缺陷性质做出判断时，还应采用射线探伤。另外，外观检查、探伤检查的位置和数量都有专门规定。

（5）焊缝的图纸表达。

常用焊缝的制图表示方法见表 3.1。

表 3.1 常用焊缝图示

角焊缝				对接焊缝	塞焊缝	三面围焊
单面焊缝	双面焊缝	安装焊缝	相同焊缝			

（形式与标注方法图示见原表）

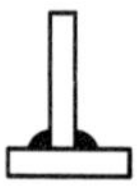

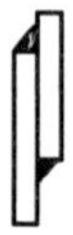

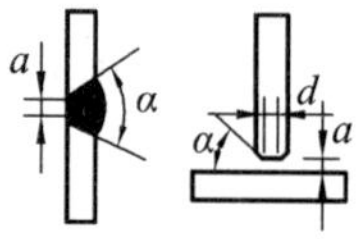

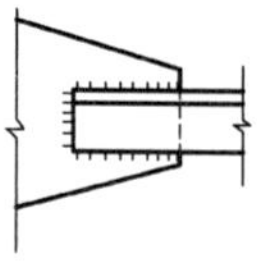

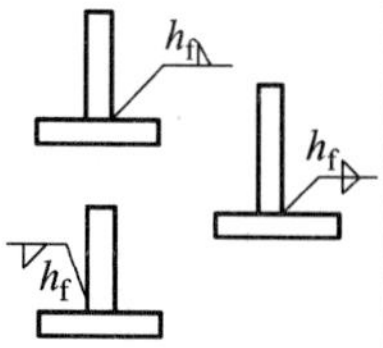

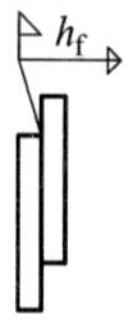

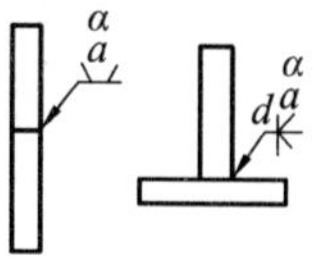

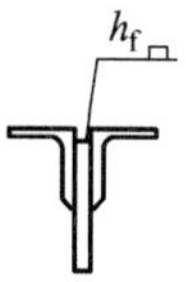

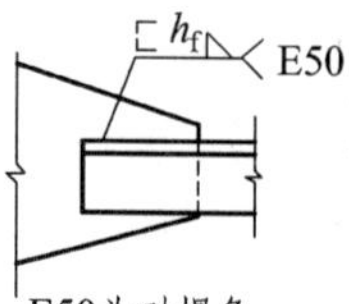

E50 为对焊条的辅助说明

2. 对接焊缝的构造和计算

（1）对接焊缝的构造。

① 对接焊缝的构造。

采用对接焊缝时，为保证质量，常需在焊件边缘开成各种形式的坡口，常见的有：直边缝、单边 V 形、双边 V 形、U 形、K 形和 X 形，坡口形式根据焊件厚度和施工条件确定。

② 对接焊缝的优缺点。

对接焊缝的优点为用料经济、传力均匀、无明显的应力集中，利于承受动力荷载；其缺点为需坡口，加工精度要求高。

③ 对接焊缝的构造处理。

a. 起落弧处易有焊接缺陷，所以要用引弧板。但采用引弧板施工复杂，因此除承受动力荷载外，一般不用引弧板，而是计算将焊缝长度两端各减去 t（t 为极件厚度）。

b. 对于变厚度（或变宽度）板的对接，在板的一面（一侧）或两面（两侧）切成坡度不大于 1∶4 的斜面，避免应力集中。

c. 钢板拼接，当采用对接焊接时，纵横两方向的对接焊缝可采用"十"字形交叉或"T"形交叉。当用 T 形交叉时，交叉点的间距不得小于 200 mm。

d. 对接焊缝的强度：对接焊缝的抗压、抗剪强度与母材相等，受拉时焊缝的抗拉强度则与焊缝质量等级有关：一、二级焊缝的抗拉强度与母材相同，三级焊缝只有母材的85%。

（2）对接焊缝的计算。

一般认为，对接焊缝的应力分布与焊件的应力分布基本相同。计算时，焊缝中最大应力（或折算应力）不能超过焊缝的强度设计值。

① 轴心受力的对接焊缝。

轴心受力的对接焊缝见图3.1，其中图（a）为平接，图（b）为顶接。

当外力作用于焊缝的垂直方向，且合力通过焊缝的形心时，其强度计算为

$$\sigma = \frac{N}{l_w t} \leqslant f_t^w \text{ 或 } f_c^w$$

式中　N——轴心拉力或压力；

　　　l_w——焊缝计算长度（无引弧板时，焊缝长度取实长减去$2t$；有引弧板时，取实长）；

　　　t——平接时为焊件的较小厚度，顶接时取腹板厚；

　　　f_t^w，f_c^w——对接焊缝的抗拉、抗压强度设计值。

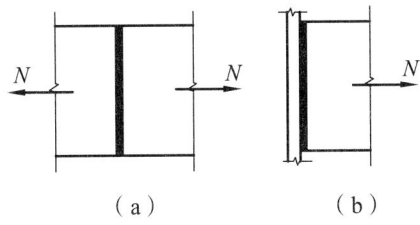

图 3.1　轴心受力的对接焊缝连接

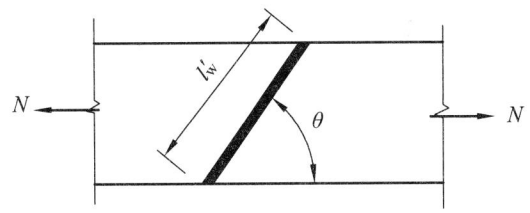

图 3.2　对接斜焊缝承受轴向力

② 对接斜焊缝的计算。

如果受力与焊缝长度方向垂直的对接焊缝强度不够，可采用如图3.2所示斜焊缝的形式。其计算为

$$\sigma = \frac{N \sin\theta}{l'_w t} \leqslant f_t^w, \quad \tau = \frac{N \cos\theta}{l'_w t} \leqslant f_v^w$$

式中　f_v^w——对接焊缝抗剪强度设计值。

斜焊缝的优点为抗动力荷载性能较好，但较费材料。

当$\tan\theta \leqslant 1.5$，即$\theta \leqslant 56.3°$时，可不验算焊缝强度。

③ 钢梁的对接焊缝计算。

钢梁对接焊缝连接形式见图3.3，焊缝中的应力分布同母材。当钢梁同时受弯、剪时，需分别验算最大正应力、最大剪应力。

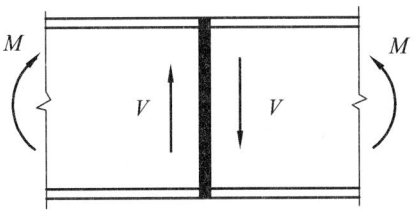

图 3.3　钢梁对接焊缝形式

$$\sigma_{max} = \frac{M}{W_x} \leqslant f_t^w (f_c^w), \quad \tau_{max} = \frac{V S_w}{I_w t_w} \leqslant f_v^w$$

式中　W_x——焊缝截面低抗矩；

　　　S_w——焊缝截面上计算点处以上（或以下）截面对中和轴的面积矩。

对于腹板和翼缘的交界点，正应力、剪应力虽不是最大，但都比较大，所以需验算折算应力，即

$$\sigma_v = \sqrt{\sigma_1^2 + 3\tau_1^2} \leqslant 1.1 f_v^w$$

式中　σ_1，τ_1——腹板与翼缘交界点处的正应力和剪应力；

　　1.1——考虑到最大折算应力只在部分点出现，因而将强度设计值适当提高。

④ 牛腿与柱翼缘的对接焊缝。

牛腿和柱的对接焊缝，剪力全部由腹板焊缝承受并均匀分布，弯矩、拉力由全截面承担，与梁计算相同。截面形式和截面上各种应力分布见图3.4。

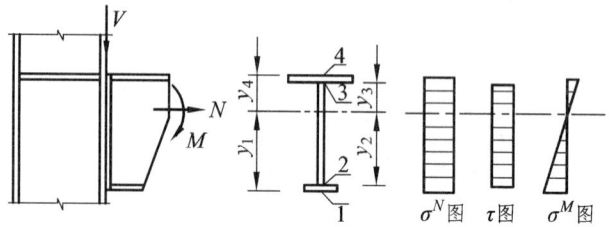

图3.4　牛腿与柱翼缘对接焊缝形式及应力分布

图3.4中牛腿截面为非对称，在拉力作用下，全截面均匀受拉；在剪力作用下，整个腹板截面按均匀抗剪考虑；在弯矩作用下，中和轴以上受拉，中和轴以下受压。因此，图中1、2、3、4点均需强度验算。点1为下翼缘最外缘的点，点2为下翼缘与腹板的交界点，点3为上翼缘与腹板的交界点，点4为上翼缘最外缘的点。各点计算如下：

点1：$\sigma_1 = \dfrac{N}{A_w} - \dfrac{My_1}{I_w} \leqslant f_t^w (f_c^w)$

点2：$\sigma_2 = \dfrac{N}{A_w} - \dfrac{My_2}{I_w}$，$\tau_2 = \dfrac{V}{A_w'} \leqslant f_v^w$，$\sqrt{\sigma_2^2 + 3\tau_2^2} \leqslant 1.1 f_t^w$

点3：$\sigma_3 = \dfrac{N}{A_w} + \dfrac{My_3}{I_w}$，$\tau_3 = \dfrac{V}{A_w'} \sqrt{\sigma_3^2 + 3\tau_3^2} \leqslant 1.1 f_t^w$

点4：$\sigma_4 = \dfrac{N}{A_w} + \dfrac{My_4}{I_w} \leqslant f_t^w$

式中　A_w'——焊缝有效抗剪面积，$A_w' = h_0 t_w$（h_0、t_w分别为腹板焊缝高度与厚度）；

　　A_w——整个焊缝截面的截面面积；

　　I_w——整个焊缝截面的惯性矩；

　　y_i——各计算点到中和轴的距离。

对接焊缝只有三级焊缝受拉或未设引弧板的情况下才要求检算强度。

3. 角焊缝的构造和计算

（1）角焊缝的构造。

① 角焊缝的截面形式和有效厚度。

角焊缝的截面形式有直角角焊缝和斜角角焊缝两种。

根据焊缝长度方向与受力方向的关系，角焊缝又分为端缝、侧缝和斜焊缝三类。端缝的焊缝长度方向垂直于受力方向，亦称正面角焊缝，其特点为受力后应力状态较复杂，应力集中严重，焊缝根部形成高峰应力，易于开裂，端缝破坏强度较高一些，但塑性差。侧缝的焊缝长度方向与受力方向平行，亦称侧面角焊缝，其特点为应力分布简单些，以剪应力为主但

第 3 章 钢结构的连接

其分布并不均匀,呈两端大、中间小的颁布规律,侧缝强度低,但塑性较好。斜缝性能介于端缝和侧缝之间。

角焊缝的有效厚度用 h_e 表示,其值与两焊脚边的夹角有关。

$$h_e = h_f \cos\frac{\alpha}{2}(\alpha > 90°), \quad h_e = 0.7h_f(\alpha \leqslant 90°)$$

式中 α ——两焊脚边夹角;

h_f ——焊脚尺寸。

② 角焊缝的构造要求。

为保证角焊缝的质量,焊缝除强度要求外,还需满足构造要求,见表 3.2。

表 3.2 角焊缝的构造要求

部位	项目	构造要求	原因	备注
焊脚尺寸 h_f	上限	$h_f \leqslant 1.2t_1$(钢管结构除外); 对板边:$t \leqslant 6$ 时,$h_f \leqslant t$ $t > 6$ 时,$h_f \leqslant t - (1\sim 2)$ mm	焊脚尺寸过大时易使母材产生"过烧"现象,且产生较大的焊接残余应力和残余变形	t_1 为较薄焊件厚度,t 为板边角焊缝的板件厚度
	下限	$h_f \geqslant 1.5\sqrt{t_2}$; 当 $t \leqslant 4$ 时,$h_f = t$	若板件较厚而焊缝过小,则施焊时焊缝冷却速度过快,易使焊缝附近金属产生收缩裂纹	t_2 为较厚焊件厚度,对自动焊 h_f 可减 1 mm;对单面 T 形焊 h_f 应加 1 mm。t 为焊件厚度
焊缝长度 l_w	上限	$40h_f$(受动力荷载); $60h_f$(静力荷载或间接承受动力荷载)	对侧缝来讲,焊缝沿长度方向受力不均,呈两头大、中间小的规律,焊缝越长,不均程度越明显,当焊缝长度超过一定限值时,焊缝两端可能因应力过大先行破坏	内力沿侧缝全长均匀分布者不限;端缝亦不受限
	下限	$8h_f$ 和 40 mm	焊缝长度小时,焊件局部加热严重,焊缝起落弧缺陷相距太近,加上可能存在的其他缺陷,焊缝质量可靠性严重降低。另外,太短的焊缝意味着应力集中现象严重	
杆端与节点板用两侧面角焊缝连接,如左图	长度 l_w	$l_w \geqslant b$	为避免应力传递过分弯折使构件中应力不均	
	距离 b	$b \leqslant 16t$($t_1 > 12$ mm 时) $b \leqslant 190$ mm($t_1 \leqslant 12$ mm 时)	为避免焊缝横向收缩时引起板件的拱曲太大	t_1 为较薄焊件厚度
搭接连接	搭接最小长度	$5t_1$ 和 25 mm	搭接长度过小导致焊缝相距越近,收缩应力越大	t_1 为较薄焊件厚度

其他构造要求:

a. 对于杆件和节点板的连接焊缝,一般宜用两面侧焊缝,也可用三面围焊,对于角钢杆件,可采用"L"形围焊。所有围焊在转角处需连续施焊;当角焊缝在端部作绕角焊时,绕角长度为 $2h_f$,且需连续施焊。

b. 承受动力荷载的结构中，垂直于受力方向的焊缝不宜采用不焊透的对接焊缝。

c. 在直接承受动力荷载的结构中，角焊缝表面应做成直线形或凹形，焊脚尺寸的比例：对正面角焊缝宜为 1∶1.5，长边顺内力方向；对侧面角焊缝可为 1∶1。

d. 在次要构件或次要焊接连接中，可采用断续角焊缝。断续角焊缝之间的净距，不应大于 $15t$（对受压构件）或 $30t$（对受拉构件），其中 t 为较薄焊件的厚度。

（2）角焊缝的计算。

① 端缝、侧缝在轴向力作用下的计算。

a. 端缝：

$$\sigma_f = \frac{N}{\sum h_e l_w} \leqslant \beta_f f_f^w$$

式中　σ_f——垂直于焊缝长度方向的应力；

　　　h_e——角焊缝有效厚度；

　　　l_w——角焊缝计算长度，每条角焊接缝取实际长度减去 $2h_f$（每端减去 h_f）；

　　　f_f^w——角焊缝强度设计值；

　　　β_f——端缝的强度增大系数（对承受静力荷载和间接承受动力荷载的结构，$\beta_f = 1.22$；对直接承受动力荷载的结构，$\beta_f = 1.0$）。

b. 侧缝：

$$\tau_f = \frac{N}{\sum h_e l_w} \leqslant f_f^w$$

式中　τ_f——沿焊缝长度方向的剪应力。

② 角钢杆件与节点板焊接连接，承受轴向力 N。

角钢端部与节点板连接可采用两侧面角焊缝、三面围焊和"L"形围焊几种形式，见图 3.5。

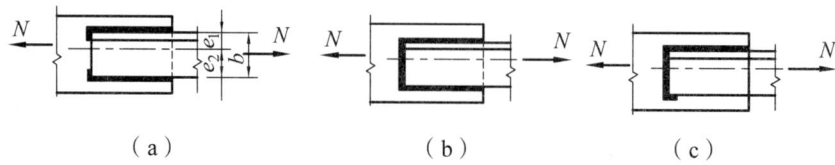

(a)　　　　　　　　(b)　　　　　　　　(c)

图 3.5　角钢端部与节点板的连接

a. 角钢用两侧焊缝与节点板连接的焊缝计算。

角钢端部用两侧面角焊缝与节点板连接见图 3.5（a），角钢肢背、肢尖传递的内力分别为 N_1、N_2，其值的大小与到角钢形心的距离有关。

$$\begin{cases} N_1 = \dfrac{e_2}{b} N = K_1 N \\ N_2 = \dfrac{e_1}{b} N = K_2 N \end{cases}$$

式中，K_1 和 K_2 为焊缝内分配系数，可查表得到。

算得 N_1 和 N_2 后可据下式得到肢背、肢尖所需焊缝的长度：

$$l_{w1} \geqslant \frac{N_1}{h_e f_f^w}, \quad l_{w2} \geqslant \frac{N_2}{h_e f_f^w}$$

第 3 章　钢结构的连接

b. 角钢三面围焊与节点板连接的焊缝计算。

角钢端部用三面围焊与节点板连接见图 3.5（b），先选定焊缝的焊脚尺寸 h_f，则角钢端部正面角焊缝能传递的内力为

$$N_3 = \beta_f \sum h_e l_{w3} f_f^w$$

假定 N_3 作用在 $\dfrac{b}{2}$ 处，侧由内力平衡可得到 N_1 和 N_2：

$$N_1 = K_1 N - \frac{1}{2} N_3, \quad N_2 = K_2 N - \frac{1}{2} N_3$$

肢背、肢尖的焊缝长度计算则与之前相同。

c. 角钢端部用"L"形焊缝与节点板连接角焊缝。

角钢端部用"L"形焊缝与节点板的连接见图 3.5（c），正面角焊缝为满焊，肢尖受力为零。由 $N_2 = 0$ 得，$N_3 = 2K_2 N$，进而

$$N_1 = (K_1 - K_2)N$$

③ 弯矩、剪力、轴力共同作用下的顶接连接角焊缝。

在弯矩、剪力、轴力共同作用下的顶接连接角焊缝形式见图 3.6，计算时可先分别计算出在 M、V、N 作用下所产生的应力，求出可能最危险点的应力分量，并将同类应力分量代数相加。

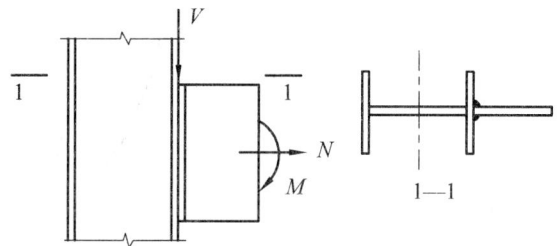

图 3.6　角焊缝连接受弯矩、剪力、轴力共同作用

弯矩 M 作用下，x 方向最大应力：$\sigma_{fx}^M = \dfrac{6M}{2h_e l_w^2}$

剪力 V 作用下，y 方向应力：$\tau_f^V = \dfrac{V}{2h_e l_w}$

轴力 N 作用下，x 方向应力：$\sigma_{fx}^N = \dfrac{N}{2h_e l_w}$

M、V 和 N 共同作用下，检算焊缝上或下端最危险处强度：

$$\sqrt{\left(\dfrac{\sigma_f}{\beta_f}\right)^2 + \tau_f^2} \leqslant f_f^w$$

式中，$\sigma_f = \sigma_{fx}^M + \sigma_{fx}^N$。

④ 扭矩、剪力、轴力共同作用下的搭接连接角焊缝。

如图 3.7 所示的搭接角焊缝，计算时先确定三面围焊角焊缝计算截面的形心位置 O，确

定该处的扭矩、剪力和轴力；判断焊缝中最危险点，算出该点在各方力作用下的应力分量，并进行代数相加。如图 3.7 所示，A 点为最危险点。

扭矩 T 作用下该点应力：

$$\tau_{fx}^T = \frac{Tr_y}{I_x + I_y}, \quad \sigma_{fy}^T = \frac{Tr_x}{I_x + I_y}$$

式中　$I_x + I_y$——焊缝计算截面对形心的极惯性矩；
　　　r_x, r_y——焊缝角点 A 到焊缝形心的坐标距离。

剪力 V 作用下 A 点应力：

$$\sigma_{fy}^V = \frac{V}{\sum h_e l_w}$$

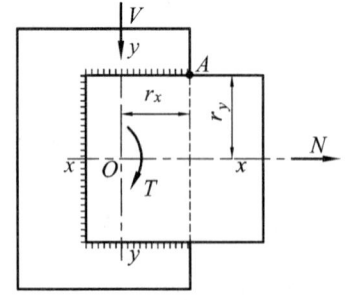

图 3.7　三面围焊搭接连接

轴力 N 作用下 A 点应力：

$$\sigma_{fx}^N = \frac{N}{\sum h_e l_w}$$

在 T、N 和 V 共同作用下，焊缝中最危险点应力应满足

$$\sqrt{\left(\frac{\sigma_f}{\beta_f}\right)^2 + \tau_f^2} \leqslant f_f^w$$

此时

$$\sigma_f = \sigma_{fy}^T + \sigma_{fy}^V, \quad \tau_f = \tau_{fx}^T + \tau_{fx}^N$$

4. 焊接残余应力和焊接残余变形

钢材焊接时，在焊件上产生局部高温的不均匀温度场。高温部分钢材有较大的膨胀伸长，但受到邻近钢材的约束，因此在焊件内引起较高的温度应力，并在焊接过程中随时间和温度而不断变化，这种应力称为焊接应力。焊接应力较高的部位将达到钢材的屈服强度而发生塑性变形，因而钢材冷却后将有残存于焊件内的应力，称为焊接残余应力。在焊接和冷却过程中，由于焊件受热和冷却都不均匀，除产生内应力外，还会产生变形。焊接和冷却过程中焊件产生的变形称为焊接变形，冷却后残存于焊件的变形称为焊接残余变形。

从根本上讲，只要构件受热温度不均匀并使部分钢材产生塑性变形，就会在冷却至常温后产生残余应力和残余变形。

（1）焊接残余应力的成因与分布。

焊接残余应力有纵向、横向和沿厚度方向的应力。纵向应力是指焊缝长度方向的应力；横向应力是垂直于焊缝长度方向且平行于构件表面的应力；沿厚度方向的应力则是垂直于焊缝长度方向且垂直于构件表面的应力。由于厚度方向温度大致均匀，残余应力很小，只在厚度较大的焊接结构中，厚度方向的应力才达到较高的数值。

① 纵向焊接残余应力。

钢材焊接时，焊件上产生了不均匀的温度场，焊缝及其附近温度最高，达 1 600 ℃ 及以上,其邻近区域温度则相对很低。高温处的钢材膨胀大,由于受到两侧温度较低、膨胀较小的钢材的限制,产生了热状态的塑性压缩,故产生了如图 3.8 所示的纵向焊接应力。

焊缝冷却时,被塑性压缩的焊缝区趋向于缩得比原始长度稍短,这种缩短变形受到两侧钢材的限制,使焊缝区产生纵向拉应力,在焊件上产生了如图 3.8 所示的残余应力。

焊接加热还有一个特点就是钢材中有相当部分高温超过 600 ℃,使钢材处于高温热塑状态,这时变形模量为零,钢材可自由膨胀或收缩而完全不受邻近钢材约束,并且内应力完全消失至零。这部分钢材冷却到 600 ℃ 以下时,进一步冷缩将受邻近温度较低钢材的限制,则应力将由零立即转为受拉(250~600 ℃ 部分的钢材虽然不是完全处于热塑性状态,但因高温下屈服强度和变形模量的严重降低,受热时产生的压应力也是较低的,冷却时将很快转为拉应力)。

残余应力是构件未受荷载时的应力,因而是自相平衡的内应力体系,即在任何截面上残余应力均有拉有压,内力和内力矩平衡。

纵向焊接残余应力的分布规律:焊缝及其附近区域在高温时发生塑性压缩变形,因而冷却后产生残余拉应力;离焊缝较远区域中则出现与之相平衡的残余压应力。H 形、箱形截面杆件的焊接残余应力分布如图 3.9 所示。

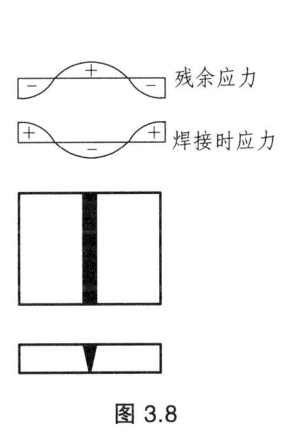

图 3.8

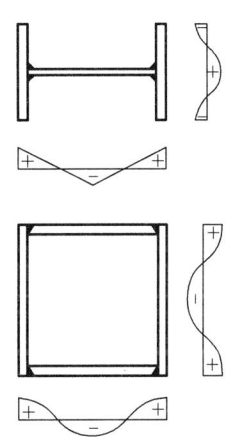

图 3.9 纵向焊接残余应力分布

② 横向焊接残余应力。

横向焊接残余应力由两部分组成:一是焊缝纵向收缩,使两块钢板趋向于形成反方向的弯曲变形,实际上焊缝将两块板连成整体,于是两块板中间产生横向拉应力,两端则产生压应力;二是由于焊缝在施焊过程中冷却时间的不同,先焊的焊缝已经凝固,且具有一定强度,会阻止后焊的焊缝在横向自由膨胀,使后焊的焊缝发生横向塑性压缩变形,当先焊部分凝固后,中间焊缝部分逐渐冷却,后焊部分开始冷却,这三部分产生杠杆作用,结果后焊部分收缩而受拉,先焊部分因杠杆作用也受拉,中间部分受压。这两种横向应力叠加成最后的横向焊接残余应力。

③ 沿厚度方向的焊接残余应力。

厚钢板进行焊接时,焊缝与钢板接触面、与空气接触面散热较快而先冷却,而内部的焊缝后冷却,后冷却的焊缝收缩变形受到外面已冷却焊缝的阻碍,因而形成中间受拉、四周受压的应力状态。

（2）焊接残余应力的影响。

① 对结构构件静力强度的影响。

如图 3.10 所示受拉钢板，为便于分析，假定纵向拉、压残余应力均达到屈服强度 f_y。外拉力 N 只由压应力区承受，在该区先抵消残余压应力，然后受拉达到 f_y，即

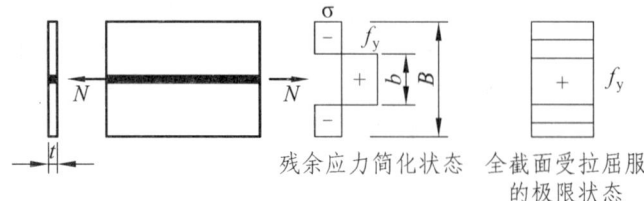

残余应力简化状态　　全截面受拉屈服的极限状态

图 3.10　纵向残余应力简化

$$N = (B-b)t\left[f_y - (-\sigma)\right] = (B-b)tf_y + (B-b)t\sigma$$

因为残余应力是自相平衡的内力，所以：

$$(B-b)t\sigma = btf_y$$

则

$$N = (B-b)tf_y + btf_y = Btf_y$$

可见构件的承载力与无残余应力时相同，所以，焊接残余应力对结构的静力强度无影响。

② 对结构构件刚度的影响。

仍以图 3.10 所示钢板为例，在外拉力作用下，残余拉应力塑性区不再具有抵抗变形的能力，构件的拉应变为

$$\varepsilon' = \frac{N}{EA} = \frac{N}{(B-b)tE}$$

无残余应力时，全截面受力，这时的拉应变为

$$\varepsilon = \frac{N}{EA} = \frac{N}{BtE}$$

显然，$\varepsilon' > \varepsilon$，即：存在焊接残余应力时，构件的变形增大了，也就是刚度减小了。

③ 对结构构件稳定性的影响。

构件受压时，若有残余应力存在，则当荷载产生的平均应力尚未达到屈服点时，残余压应力区域的截面会提前进入塑性阶段，推动抵抗变形的能力，即构件的有效截面和有效惯性矩减小了，所以构件的稳定性必然降低。

④ 对结构疲劳强度的影响。

残余拉应力加快疲劳裂纹开展的速度，从而降低了焊缝及其附近主体金属的疲劳强度。

⑤ 对低温冷脆的影响。

焊接结构中存在着双向或三向拉应力场，使材料因塑性变形受阻而变脆，低温时变得更脆。

3. 焊接残余变形

焊接残余变形包括纵向变形、横向变形、弯曲变形、角变形、折皱变形、凹凸变形、扭曲变形等。焊接残余变形影响结构的尺寸精度和外观，并导致构件产生初弯曲、初扭曲，荷

载作用发生初偏心等，使结构受力时产生附加的弯矩、扭矩和变形，从而降低其强度和稳定的承载力。

4. 减小或消除焊接残余应力和焊接残余变形的方法

多数焊接残余应力和焊接残余变形是由于构造不当或焊接工艺欠妥引起的，为了减少其对结构构件造成的不利影响，应从设计和焊接工艺两方面采取适当措施。

（1）设计措施。

① 尽量减少焊缝的数量和尺寸，采用适宜的焊脚尺寸和长度。搭接角焊缝宜采用细长焊缝，不用粗短焊缝，以避免焊接热量过于集中。

② 焊缝尽可能对称布置，连接尽量平滑，对于不同宽度或厚度的焊件，采用一定坡度的过渡，避免截面突变而引起过大的应力集中。

③ 避免焊接过分集中或多方向焊缝相交于一点，以免相交处形成多向同号应力场，使钢材变脆。为防止多方向焊缝相交，常采用使次要焊缝断开，而主要焊缝连续通过的构造。

④ 搭接连接中搭接长度应不小于 $5t_{min}$ 和 25 mm，且不应只采用一条正面角焊缝传力。

⑤ 焊缝应布置在焊工便于施焊的位置，尽量避免仰焊。

（2）焊接工艺。

① 采用合理的焊接顺序和方向，如对称焊、分段焊、厚度方向分层焊等。

② 先焊收缩量较大的焊缝，后焊收缩量小的焊缝，先焊错开的短缝，后焊通直的长缝，使其有较大的横向收缩余地。

③ 先焊使用时受力较大的主要焊缝，后焊受力较小的次要焊缝，这样可使受力较大的焊缝在焊接和冷却过程中有一定范围的伸缩余地，可减小焊接残余应力。

④ 反变形法施焊前使构件有一个与焊接残余变形相反的预变形，以减小最终的总变形。但在施焊时添加约束的做法是不对的，因为如果焊件在施焊时受到外界约束，焊接变形因受到约束的限制而减小，但会产生更大的残余应力。

⑤ 预热即施焊前先将构件整体或局部预热至 100～300 ℃，焊后保温一段时间，以减小焊接和冷却过程中温度的不均匀程度，从而降低焊接残余应力并减少发生裂纹的危险。

⑥ 高温回火（退火）在施焊后进行高温回火，即加热至 600～650 ℃，保持一段时间恒温后缓慢冷却。对较小焊件可进行整体高温回火，由于加热已达到钢材的热塑温度，可消除大部分残余应力；对较大焊件有时可对焊缝附近或残余应力较大部位附近进行局部高温回火，以减小焊接残余应力。

⑦ 用头部带小圆弧的小锤轻击焊缝，使焊缝得到延展，也可降低焊接残余应力。

3.1.3 钢结构螺栓连接

1. 普通螺栓连接的构造和计算

（1）普通螺栓连接的构造与受力性能。

① 普通螺栓分类。

普通螺栓分为精制螺栓（A、B 级）和粗制螺栓（C 级）两种。精制螺栓的加工精度高，I 类孔，其抗剪性能好，但成本较高，主要用于机械设备；粗制螺栓的加工精度较低，栓径与孔径之差为 1.0～1.5 mm，其抗剪性能较差，但成本较低，宜用于不直接承受动力荷载的次要连接或临时固定及可拆卸结构的连接等。

② 螺栓的排列和构造要求。

a. 受力要求：端距限制——防止孔端钢板剪断，不小于 $2d_0$；螺孔中距限制——限制下限以防止孔间板破裂即保证不小于 $3d_0$，限制上限以防止板件受压拱面。

b. 构造要求：防止板件不密贴，潮气浸入而腐蚀，限制螺孔中距最大值。

c. 施工要求：为便于拧紧螺栓宜留适当间距（不同的工具有不同要求）。

③ 普通螺栓的工作性能。

螺栓连接按受力的不同，分为受拉、受剪和拉剪联合作用。普通螺栓靠孔壁承压、螺杆受剪传递外剪力；靠螺杆受拉传递外拉力。

剪力作用下，当外剪力不大时，依靠构件间的摩擦作用来传递外力。当外力增大至超过极限摩擦力后，构件间相对滑移，螺杆开始接触构件的孔壁而受剪，孔壁则受压。

拉力作用下，螺栓杆直接承担全部外拉力作用，最不利截面位于螺母下螺纹削弱处。故设计时应根据螺纹处削弱后的有效直径 d_e 和相应的有效截面面积 $A_e = \pi d_e^2 / 4$ 进行计算。另外，如图 3.11 所示的受拉螺栓，由于端板有一定程度的弯曲变形，故在外力 N 的作用下使螺栓犹如杠杆一样会使端板外角点附近产生杠杆力 Q，从而螺栓所受的总拉力将大于 N 而达到 $N+Q$。由于杠杆力 Q 的数值常难以确定，因此设计时不计算螺栓撬力，而把螺栓的抗拉强度设计值 f_t^b 折减为螺栓钢材抗拉强度设计值 f 的 0.8 倍。

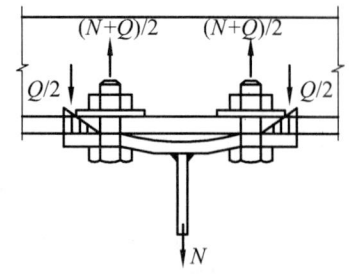

图 3.11 普通螺栓抗拉

剪力和拉力共同作用下，单栓的受拉和受剪承载力会因外剪力与外拉力的联合作用而降低，故不能独立验算单栓的抗拉或抗剪承载力。

④ 普通螺栓破坏形式。

普通螺栓抗剪时，主要破坏形式有螺栓剪断、钢板孔壁挤压破坏、构件因螺孔削弱而在净截面被拉（压）屈、钢板因螺孔端距或螺孔中距太小而剪坏以及螺杆因太长而使栓杆产生过大的弯曲变形等五种。

普通螺栓抗拉时，破坏形式一般表现为螺杆的拉断。

剪力和拉力共同作用下，普通螺栓可能出现两种破坏形式：螺杆受剪兼受拉破坏、孔壁的承压破坏。

（2）普通螺栓连接的计算。

① 单栓承载力计算。

a. 剪力螺栓。

栓杆剪切破坏：$N_v^b = n_v \dfrac{\pi d^2}{4} f_v^b$

孔壁承压破坏：$N_c^b = d \sum t f_c^b$

单栓抗剪承载力：$N_{v,\min}^b = \min(N_v^b, N_c^b)$

式中 n_v——受剪面数；

d——螺杆直径；

$\sum t$——同一受力方向的承压构件的较小总厚度；

f_v^b, f_c^b——螺栓抗剪、抗压强度设计值。

b. 拉力螺栓。

单栓抗拉承载力：$N_t^b = \dfrac{\pi d_e^2}{4} f_t^b$

式中　d_e——螺纹处有效直径；

f_t^b——螺栓抗拉强度设计值。

c. 同时承受剪力和拉力的普通螺栓。

$$\begin{cases} \sqrt{\left(\dfrac{N_v}{N_v^b}\right)^2 + \left(\dfrac{N_t}{N_t^b}\right)^2} \leqslant 1 & （螺杆拉剪破坏）\\ N_v \leqslant N_c^b & （孔壁承压破坏） \end{cases}$$

式中　N_v, N_t——单个螺栓承受的剪力、拉力；

N_v^b, N_t^b, N_c^b——单栓抗剪、抗拉和承压承载力设计值。

② 螺栓群计算。

a. 螺栓群轴心受剪。

螺栓群所受剪力通过形心时，如图 3.12 所需螺栓数量为

$$n \geqslant \dfrac{N}{\eta [N]_v^b}$$

式中　$[N]_v^b$——单栓抗剪承载力设计值 N_v^b 和承压承载力设计值 N_c^b 中的较小值；

η——抗剪承载力折减系数，与螺栓连接沿受剪方向的长度 l_1 有关。

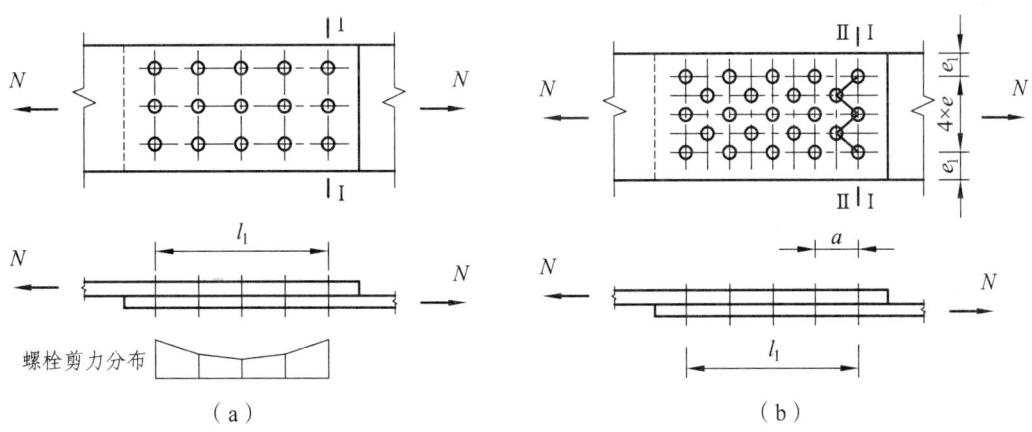

图 3.12　剪力螺栓群

螺栓群中各螺栓的剪力沿受剪方向分布不均，呈两头大，中间小的规律，如图 3.12（a）所示。为避免连接过长时端部螺栓受剪过大先行破坏，引入该系数对螺栓的抗剪承载力予以折减。当 $l_1/d_0 \leqslant 15$ 时，$\eta=1.0$；当 $15 < l_1/d_0 \leqslant 60$ 时，$\eta=1.1-l_1/150d$；当 $l_1/d_0 > 60$ 时，$\eta=0.7$，d_0 为螺栓孔径。

此外，还应进行构件净截面强度验算：

$$\sigma = \frac{N}{A_n} \leqslant f$$

式中　f——连接板材料设计强度；
　　　A_n——节点板净截面面积。

当螺栓并列布置时，如图 3.12（a）所示，$A_n = A - n_1 d_0 t$；当螺栓错列布置时，如图 3.12（b）所示，构件有可能沿直线Ⅰ—Ⅰ截面或折线Ⅱ—Ⅱ截面破坏。Ⅱ—Ⅱ截面的净截面面积可近似地取为 $A_n = \left[2e_1 + (n_{\text{II}} - 1)\sqrt{a^2 + e^2} - n_{\text{II}} d_0\right] t$。计算时取两个可能的破坏截面Ⅰ—Ⅰ、Ⅱ—Ⅱ中净截面面积较小者来验算钢板净截面强度。n_1 和 n_{II} 分别为截Ⅰ—Ⅰ和截面Ⅱ—Ⅱ上的螺栓数。

b. 螺栓群在扭矩、剪力和轴力共同作用下的计算。

螺栓群在扭矩、剪力和轴力共同作用下的连接见图 3.13。

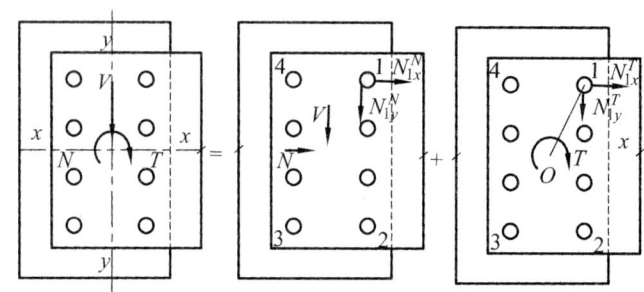

图 3.13　螺栓群受扭矩、剪力和轴力共同作用

螺栓群中受力最大的螺栓在 T、V 和 N 作用下的合力要求满足：

$$N_1 = \sqrt{(N_{1x}^T + N_{1x}^N)^2 + (N_{1y}^T + N_{1y}^V)^2} \leqslant [N]_V^b$$

式中　$N_{1x}^N = \dfrac{N}{n}$，$N_{1y}^V = \dfrac{V}{n}$，$N_{1x}^T = \dfrac{T y_1}{\sum (x_i^2 + y_i^2)}$，$N_{1y}^T = \dfrac{T x_1}{\sum (x_i^2 + y_i^2)}$；

　　　$[N]_V^b = \min \left\{ N_V^b, N_c^b \right\}$；

　　　x_i，y_i——各螺栓到螺栓群形心在两坐标轴方向的距离。

c. 螺栓群受拉计算。

如图 3.14 所示的连接节点，同时受拉力、弯矩和剪力作用，但通过设置支托来承受剪力，螺栓群只承受拉力和弯矩作用。

在轴向拉力和弯矩共同作用下（或偏心拉力作用下），螺栓群的受力可能出现两种状态：小偏心受拉和大偏心受拉。两种状态的区别是：小偏心时，全部螺栓都受拉力作用（但各螺栓所受拉力大小不均，按三角形分布，类似弯矩作用下的正应力分布）且被连接的板件间无受压区，此时弯矩作用的中性轴通过螺栓群的形心；大偏心时，由于偏心弯矩大，在弯矩作用的受压方向的最外排螺栓已经不再承受拉力作用，其外侧部分的被连接板件间必然发生相互挤压，即有受压区，此时弯矩作用的中性轴通过弯矩作用下受压方向的最外排螺栓。

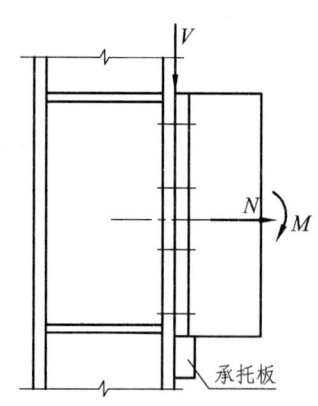

图 3.14　拉力螺栓群连接（有承托）

计算时，先按小偏心状态计算受拉最小的螺栓的受力：

$$N_{\min} = \frac{N}{n} - \frac{My_1}{\sum y_i^2}$$

当 $N_{\min} \geq 0$ 时，表示螺栓群的受拉，确属小偏心，则受拉力最大的螺栓要求满足：

$$N_{\max} = \frac{N}{n} + \frac{My_1}{\sum y_i^2} \leq N_t^b$$

当 $N_{\min} < 0$ 时，表示螺栓群的受力属大偏心，螺栓群绕该排受压螺栓旋转，受拉力最大的螺栓要求满足：

$$N_{\max} = \frac{(M+Ne)y_1'}{\sum y_i^2} \leq N_t^b$$

式中　y_1'——各螺栓到受压排螺栓处的距离；

　　　e——N 到受压排螺栓处的距离。

d. 螺栓群同时抗拉抗剪计算。

如图 3.15 所示的连接，它与图 3.14 所示的连接区别在于：本连接中无承托板，连接所受的剪力需由螺栓承担。

由每个螺栓所受剪力相同，得

$$N_v = \frac{V}{n}$$

式中　n——连接的总螺栓数；

　　　V——剪力。

螺栓同时受拉、受剪，因此需满足下式：

$$\begin{cases} \sqrt{\left(\frac{N_v}{N_v^b}\right)^2 + \left(\frac{N_t}{N_t^b}\right)^2} \leq 1 \\ N_v \leq N_c^b \end{cases}$$

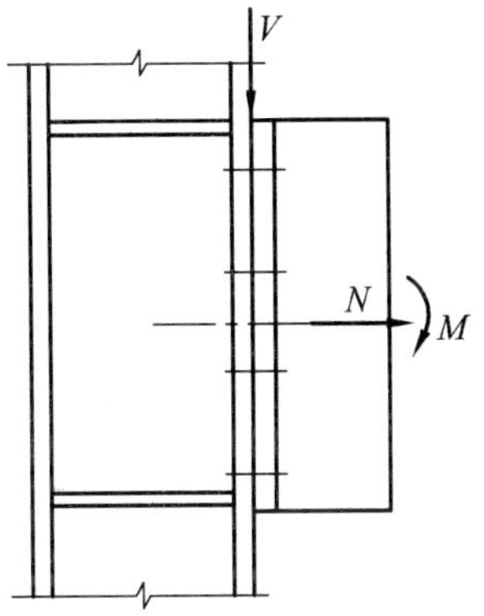

图 3.15　螺栓群受拉剪联合作用

式中，各符号意义同前。

2. 高强度螺栓连接的构造与计算

（1）高强度螺栓的构造。

① 材料。

高强度螺栓常用优质碳素钢、低合金高强度钢材制作。制成的螺栓强度等级有 8.8 级和 10.9 级。8.8 级表示：$f_u = 800 \text{ N/mm}^2$，$f_y/f_u = 0.8$；10.9 级同理：$f_u = 1\,000 \text{ N/mm}^2$，$f_y/f_u = 0.9$。

② 受力性能。

安装高强度螺栓时，将螺帽拧紧，螺杆内的预拉力使构件接触面处于压紧状态，靠接触面的摩擦来阻止连接板相互滑移，以达到传递外剪力的目的。

高强螺栓连接按受剪时承载能力极限状态的定义不同，分为摩擦型和承压型。这两种连接所采用的螺栓本身没有区别（但对摩擦面处理的要求不同）。摩擦型连接完全靠摩擦传递剪力，所以螺杆与螺孔之差可偏大一些，为 1.5~2.0 mm。而承压型连接则是：在正常使用情况下，剪力不超过摩擦力，与摩擦型相同；当荷载再增大时，连接板间将发生相对滑移，连接依靠螺杆抗剪和孔壁承压来传力,与普通螺栓相同。为保证连接的变形不致过大,螺杆与螺孔之差略小些,为 1.0~1.5 mm。

摩擦型连接较承压型的变形小,承载力低,但耐疲劳、抗动力荷载性能好。而承压型连接承载力高,但抗剪变形大,所以一般仅用于承受静力荷载和间接承受动力荷载结构中的连接。

高强螺栓摩擦型连接受拉时,螺栓杆上的拉力增大并不明显,而板间的压力减小明显,可以认为,外拉力主要靠板间的预压力减小来平衡。为保证螺栓受拉的同时还具有一定的抗剪能力,板间需要保持一定的预压力。因此,高强螺栓的单栓抗拉承载力取为 $0.8P$,即 $N_t^b = 0.8P$,因为此时板间的预压力还剩有约 1/4,即还具有一定的摩擦抗剪承载力。

对于同时受拉受剪的高强螺栓摩擦型连接,由于拉剪的联合作用效应,连接的抗拉和抗剪承载能力都与单纯的受拉或受剪时不同。根据试验数据,其承载能力曲线近似为第一象限斜率为 -1 的直线,即 $\dfrac{N_v}{N_v^b} + \dfrac{N_t}{N_t^b} \leqslant 1$。

高强螺栓承压型连接的受剪、受拉与同时受剪受拉的承载力计算则与普通螺栓相同,只是材料各强度设计值不同。

(2)高强度螺栓的单栓承载力计算。

① 高强度螺栓摩擦型连接。

a. 只受剪:

$$N_v^b = 0.9 n_f \mu P$$

式中　N_v^b——单栓抗剪承载力设计值;

　　　n_f——传力摩擦面数;

　　　μ——摩擦面抗滑移系数;

　　　P——每个高强度螺栓的预拉力。

b. 只受拉:

$$N_t^b = 0.8P$$

式中　N_t^b——单栓的抗拉承载力设计值。

c. 接剪联合作用:

$$\dfrac{N_v}{N_v^b} + \dfrac{N_t}{N_t^b} \leqslant 1$$

也可表达为

$$N_v \leqslant N_v^b = 0.9 n_f \mu (P - 1.25 N_t)$$

其中,$N_v^b = 0.9 n_f \mu P$,$N_t^b = 0.8P$。

② 高强度螺栓承压型连接。

a. 只受剪。

承压型连接的抗剪承载力设计值与计算普通螺栓相同,有两种破坏形式,对应两种承载力,即

$$N_v^b = n_v \dfrac{\pi d_e^2}{4} f_v^b, \quad N_c^b = d \sum t f_c^b$$

第 3 章　钢结构的连接

宽度方向或厚度方向做成坡度不大于_____的切角。

12. 在承受_____荷载的结构中，垂直于受力方向的焊缝不宜采用部分焊透的对接焊缝。

13. 工字形或"T"形牛腿的对接焊缝连接中，一般假定剪力由_____的焊缝承受，剪应力均布。

14. 承受动力荷载的角焊缝连接中，焊缝表面应做成_____形和_____形。

15. 凡能通过一、二级检验标准的对接焊缝，其抗拉设计强度与母材的抗拉设计强度_____。

16. 选用焊条型号应满足焊缝金属与主体金属等强度的要求，Q235 钢应采用_____型焊条。

17. 钢结构焊接后会产生_____残余应力和_____残余应力，当焊件较厚时还有_____残余应力，从而形成三向焊接残余应力。此应力状态会约束钢材的_____变形，导致材料容易发生_____破坏。

18. 直角角焊缝的有效截面可视为等腰三角形，其边长记为 h_f，称为_____，有效厚度 $h_e=$ _____，若角焊缝的计算长度为 l_w，则其有效面积为_____。

19. 不等边角钢短肢相拼时，肢背焊缝的内力分配系数是_____，肢背焊缝的内力分配系数是_____。

20. 普通螺栓是通过_____来传递剪力的；高强螺栓摩擦型连接则是通过_____来传递剪力的。

21. 高强螺栓连接根据受剪时承载力极限状态的不同分为_____连接和_____连接两种。

22. 在高强螺栓性能等级中：8.8 级高强度螺栓的含义_____。

23. 普通螺栓接受剪时，限制端距 $\geq 2d_0$，是为了避免_____破坏。

24. 单个普通螺栓承受剪力时，螺栓承载力应取_____和_____的较小值。

25. 在高强螺栓摩擦型连接中计算连接板的净截面强度时，孔前传力系数可取_____。

26. 单个普通螺栓承压承载力设计值：$N_c^b = d \cdot \sum t \cdot f_c^b$，式中 $\sum t$ 表示_____。

27. 摩擦型高强度螺栓抗剪连接，在轴心力作用下，其疲劳验算应按_____截面计算应力幅。

28. 普通螺栓连接受剪时的破坏形式有：_____、_____、_____和_____。

29. 粗制螺栓与精制螺栓的差别是_____。普通螺栓与高强度螺栓的差别是_____。

30. 螺栓连接中，规定螺栓的最小容许距离是因为_____，规定螺栓最大容许间距也是因为_____。

31. 普通螺栓连接受弯矩作用时，螺栓连接的中性轴位于_____，高强度螺栓连接受弯时，中性轴则位于_____。

3.2.2　选择题

1. 焊缝连接计算方法分为两类，它们是（　　　）。
   A. 手工焊缝和自动焊缝　　　　　　　　B. 仰焊缝和俯焊缝

C. 对接焊缝和角焊缝　　　　　　　　　　D. 连续焊缝和断续焊缝

2. 钢结构连接中所使用的焊条应与被连接构件的强度相匹配，通常在被连接构件选用 Q345 时，焊条选用（　　）。

A. E55　　　　B. E50　　　　C. E43　　　　D. 前三种均可

3. 产生焊接残余应力的主要因素之一是（　　）。

A. 钢材的塑性太低　　　　　　　　　　B. 钢材的弹性模量太高
C. 焊接时受热不均导致产生了塑性变形　　D. 焊缝太小

4. 角钢和钢板间用侧焊缝搭接连接，当角钢肢背与肢尖焊缝的焊脚尺寸和焊缝的长度都等同时，（　　）。

A. 角钢肢背的侧焊缝与角钢肢尖的侧焊缝受力相等
B. 角钢肢尖侧焊缝受力大于角钢肢背的侧焊缝
C. 角钢肢背侧焊缝受力大于角钢肢尖的侧焊缝
D. 由于角钢肢背和肢尖的侧焊缝受力不相等，因而连接受有弯矩的作用

5. 侧焊缝的计算长度不宜大于（　　），当大于上述限值时，其超过部分在计算中不予考虑。

A. $60h_f$　　　　B. $40h_f$　　　　C. $80h_f$　　　　D. $120h_f$

6. 不等肢角钢长肢与钢板相连接时，肢背焊缝的内力分配系数为（　　）。

A. 0.7　　　　B. 0.75　　　　C. 0.65　　　　D. 0.35

7. 图 3.18 所示的角焊缝，在 P 的作用下，最危险点是（　　）。

A. a、b 点　　B. b、d 点　　C. c、d 点　　D. a、c 点

8. 对于直接承受动力荷载的结构，计算正面直角焊缝时（　　）。

A. 要考虑正面角焊缝强度的提高
B. 要考虑焊缝刚度影响
C. 与侧面角焊缝的计算式相同
D. 取 $\beta_f = 1.22$

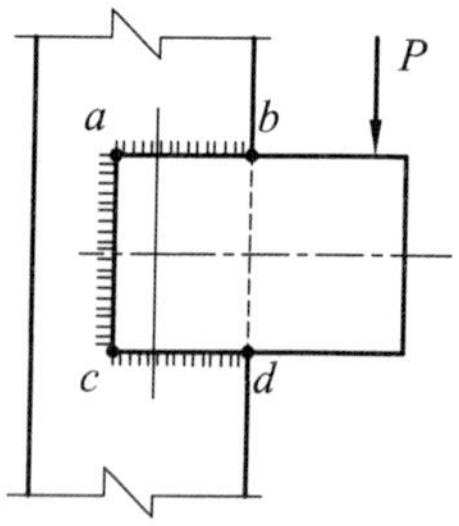

图 3.18

9. 斜角焊缝主要用于（　　）。

A. 钢板梁　　　　　　　　　　　　　　B. 角钢桁架
C. 钢管结构　　　　　　　　　　　　　D. 薄壁型钢结构

10. 承受静力荷载的构件，当所用钢材具有良好的塑性时，焊接残余应力并不影响构件的（　　）。

A. 静力强度　　B. 刚度　　　　C. 稳定承载力　　D. 疲劳强度

11. 产生纵向焊接残余应力的主要原因是（　　）。

A. 冷却过快　　　　　　　　　　　　　B. 钢材弹性模量太小，使构件变形很大
C. 焊接时出现热塑性变形　　　　　　　D. 钢板太厚

12. 等肢角钢采用两侧面角焊缝连接并承受轴心力作用时，其内力分配系数（肢背 K_1、肢尖 K_2）应取（　　）。

A. $K_1 = 0.65$，肢尖 $K_2 = 0.35$　　　　B. $K_1 = 0.75$，肢尖 $K_2 = 0.25$
C. $K_1 = 0.7$，肢尖 $K_2 = 0.3$　　　　　D. 不确定

13. 当对接焊缝的焊件厚度很小（6 mm）时，可采用（　　）坡口形式。

A. I 形（即不开坡口） B. V 形
C. Y 形 D. K 形

14. T 形连接中直角角焊缝的最小焊脚尺寸 $h_{f\min}=1.5\sqrt{t_1}$，最小焊脚尺寸 $h_{f\max}=1.2t_2$，式中的 t_1、t_2 分别为（　　）。

A. 腹板厚度和翼缘板厚度
B. 翼缘板厚度和腹板厚度
C. 较薄的被连接板件厚度和较厚的被连接板件厚度
D. 较厚的被连接板件厚度和较薄的被连接板件厚度

15. 两块钢板用双盖板采用三面围焊对接，钢板厚度 20 mm，盖板厚度 8 mm，则角焊缝焊脚尺寸可选用（　　）。

A. 6 mm B. 7 mm C. 8 mm D. 9 mm

16. 施焊过程中应采取措施尽量减小残余应力和残余变形，下列（　　）项措施是错误的。

A. 分段焊接 B. 分层焊接
C. 焊前对焊件进行预热处理 D. 强制固定焊件

17. 普通螺栓和承压型高强螺栓受剪连接的五种可能破坏形式是：Ⅰ. 螺栓剪断；Ⅱ. 孔壁承压破坏；Ⅲ. 板件端部剪坏；Ⅳ. 板件拉断；Ⅴ. 螺栓弯曲变形。其中（　　）是通过计算来保证的。

A. Ⅰ，Ⅱ，Ⅲ B. Ⅰ，Ⅱ，Ⅳ
C. Ⅰ，Ⅱ，Ⅴ D. Ⅱ，Ⅲ，Ⅳ

18. 高强度螺栓摩擦型连接受拉时，螺栓的抗剪承载力（　　）。

A. 提高 B. 降低
C. 按普通螺栓计算 D. 按承压型高强度螺栓计算

19. 普通螺栓受剪破坏时，若栓杆细而连接板较厚时易发生（　　）破坏。

A. 栓杆受弯破坏 B. 构件挤压破坏
C. 冲剪破坏 D. 栓杆剪切破坏

20. 普通螺栓受剪破坏时，若栓杆粗而连接板较薄时易发生（　　）破坏。

A. 栓杆受弯破坏 B. 构件挤压破坏
C. 构件受拉破坏 D. 冲剪破坏

21. 高强度螺栓摩擦型连接受剪破坏时，外剪力超过了（　　）。

A. 螺栓杆的抗剪承载力 B. 被连接板件的孔壁承压承载力
C. 被连接板件间的摩擦力 D. 被连接板件端部的冲剪承载力

22. 高强度螺栓摩擦型连接的单栓抗拉承载力设计值是（　　）。

A. $N_t^b = 0.8P$ B. $N_t^b = A_e f_t^b$
C. $N_t^b = P$ D. $N_t^b = n_v \cdot \dfrac{\pi d^2}{4} \cdot f_t^b$

23. 同时承受剪力和拉力的高强度螺栓摩擦型连接，对外拉力产生的影响的描述（　　）是错误的。

A. 螺栓的抗剪承载力不受影响 B. 板件间的预压力会减小
C. 板件间接触面的抗滑移系数会减小 D. 螺栓的抗剪承载力会降低

24. 高强度螺栓摩擦型连接的计算公式 $N_v^b = 0.9 n_f \cdot \mu (P - 1.25 N_t)$ 中关于符号的意义，下述正确的是（　　）。

　　A. 对同一种直径的螺栓，P 值应根据连接要求计算确定

　　B. 0.9 是考虑连接可能存在偏心，承载力的降低系数

　　C. 1.25 是拉力的分项系数

　　D. 1.25 用以提高拉力 N_t，以考虑在预压力减小时因摩擦系数变小而使承载力降低的影响

25. 如图 3.19 所示的螺栓群连接，在正常情况下，根据普通螺栓群连接设计的假定，在 $M \neq 0$ 时，构件（　　）。

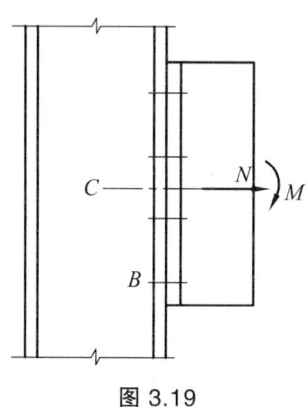

图 3.19

　　A. 必绕 C 轴转动

　　B. 绕哪根轴转动与 N 无关，仅取决于 M 的大小

　　C. 绕哪根轴转动与 M 无关，仅取决于 N 的大小

　　D. 当 $N = 0$ 时，必绕 B 轴转动

26. 在抗拉连接中分别采用高强度螺栓摩擦型和承压型连接，两者承载力设计值比较，（　　）。

　　A. 后者大于前者　　　　　　　　　　B. 前者大于后者

　　C. 相等　　　　　　　　　　　　　　D. 不一定相等

27. 当沿受剪方向的连接长度大于（　　）时，螺栓的受剪和承压承载力设计值应降低。

　　A. $60 d_0$　　　　B. $20 d_0$　　　　C. $15 d_0$　　　　D. $10 d_0$

28. 在某拼接连接的一端，螺栓沿构件受力方向的连接长度为 1 300 mm，或螺栓孔的直径为 21.5 mm，则该螺栓的受剪承载力设计值应乘以折减系数（　　）。

　　A. 0.7　　　　B. 0.8　　　　C. 0.9　　　　D. 1

29. 在图 3.20 所示的连接中，螺栓的抗剪面数目是（　　）个。

　　A. 1　　　　B. 2

　　C. 3　　　　D. 4

30. 图 3.20 中的螺栓若为 C 级普通螺栓，则单栓的孔壁承压承载力设计值为 $N_c^b = d \sum t f_c^b$，其中 $\sum t$ 应为（　　）。

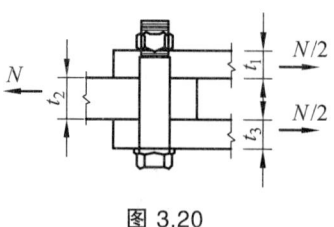

图 3.20

A. $t_1 + t_2 + t_3$
B. $t_1 + t_3$
C. t_2
D. $\min(t_1 + t_3, t_2)$

3.2.3 简答题

1. 简述焊接连接的优缺点。
2. 按被连接构件的位置关系连接分哪几种？焊缝按自身构造的不同分为哪两种？对接连接是否一定要采用对接焊缝？"T"形连接是否一定要采用角焊缝？
3. 为什么说对接焊缝连接的受力和计算方法与被焊构件基本相同？在何种情况下才须对接焊缝进行强度计算？
4. 正面角焊缝和侧面角焊缝受力特点有何不同？
5. 角焊缝的焊脚尺寸过大或过小会有什么影响？
6. 侧面角焊缝的计算长度为什么不能过长？
7. 简述搭接连接的角焊缝在扭矩作用下的计算假定。
8. 焊接残余应力对钢结构的工作性能有何影响？
9. 规范中对螺栓排列规定了最大和最小容许距离，其目的是什么？
10. 普通螺栓连接受剪时可能破坏的五种形式是什么？哪些可用构造措施解决？
11. 在传递剪力的连接中，高强螺栓摩擦型连接和普通螺栓连接的传力特点有何不同？
12. 如何提高摩擦型高强度螺栓单栓抗剪承载力？
13. 试说明在弯矩作用下，普通螺栓和摩擦型高强度螺栓计算的区别及原因。

3.2.4 计算题

1. 如图 3.21 所示的对接焊缝连接，构件钢材采用 Q235 钢，焊条采用 E43 型，三级手工焊，施焊时未加引弧板。偏心拉力设计值 $N = 400$ kN，$f_c^w = 215$ N/mm²，$f_t^w = 185$ N/mm²，试验算连接的强度。

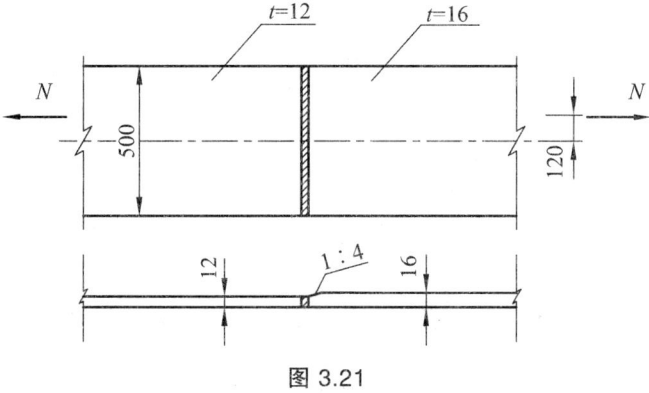

图 3.21

2. 请验算图 3.22 中牛腿与柱的对接焊缝的强度。静载设计值 $F = 320$ kN，$\theta = 30°$，$e_1 = 300$ mm。钢材采用 Q235B，手工焊焊条采用 E43 型，施焊时采用引弧板，焊缝质量为三级。$f_t^w = 185$ N/mm²，$f_c^w = 215$ N/mm²，$f_v^w = 125$ N/mm²。

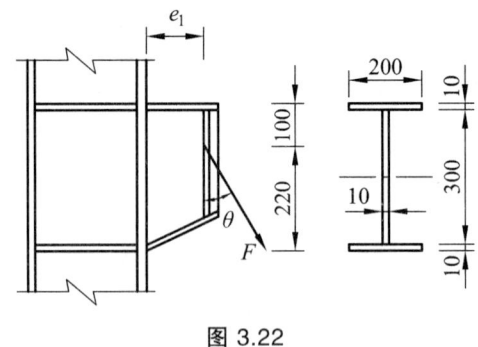

图 3.22

3. 如图 3.23 所示,两钢板用拼接盖板对接,材料均为 Q235。已知:钢板尺寸 $B = 200$ mm,厚 $t_1 = 14$ mm;拼接盖板宽 $b = 150$ mm,厚 $t_2 = 10$ mm;承受轴力 $N = 660$ kN(静载),焊条为 E43 型、手工焊,$f_f^w = 160$ N/mm^2。试设计角焊缝(角焊缝的焊脚尺寸 h_f、焊缝实际长度 l_w 及盖板长度 L)。

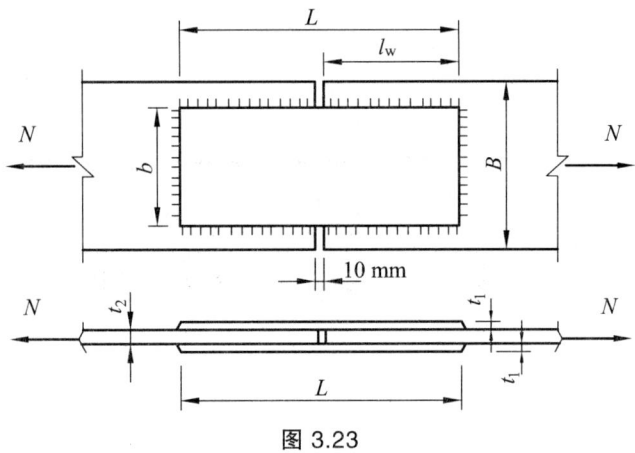

图 3.23

4. 如图 3.24 所示的菱形盖板拼接,焊脚尺寸 $h_f = 6$ mm,钢材采用 Q235,手工焊,焊条采用 E43 型。试计算此连接所能承受的轴心拉力 N_{max}(静力)。

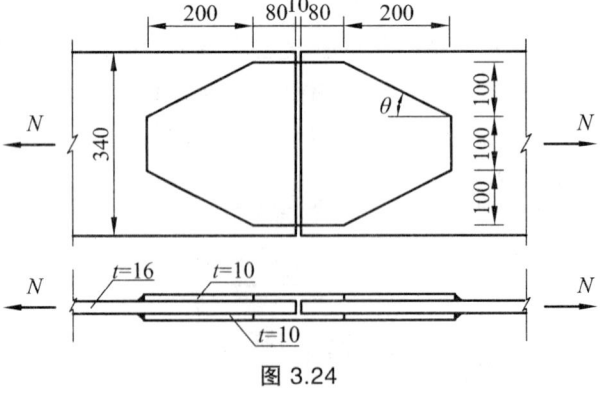

图 3.24

5. 如图 3.25 所示,某杆选用两等边角钢(2∟100×8)组成"T"形截面,钢材为 Q235 钢,焊条为 E43 型,手工焊。经结构计算,该杆件轴力设计值 $N = 300$ kN。试按图中所示焊缝方案设计焊缝尺寸(h_f、l_w)。

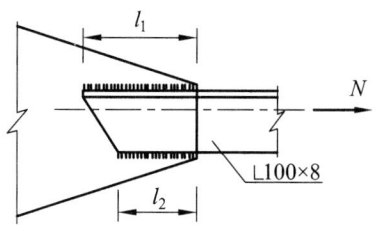
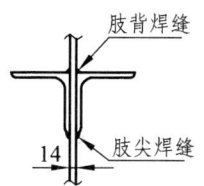

图 3.25

6. 如图 3.26 所示连接，受静载拉力 $N = 120$ kN，$e = 20$ mm，钢材为 Q235BF，手工焊焊条采用 E43 型，$h_f = 10$ mm，无引弧形板，$f_f^w = 160$ N/mm²。试验算焊缝强度，并指出焊缝最危险点的位置。若将 N 变为压力，最不利点位置和应力大小怎样变化？

7. 如图 3.27 所示连接受集中静力荷载 $P = 165$ kN 的作用。被连接构件由 Q235 钢材制成，焊条为 E43 型，施焊时不用引弧板。已知焊脚尺寸 $h_f = 10$ mm，$f_f^w = 160$ N/mm²，试验算连接焊缝的强度能否满足要求。

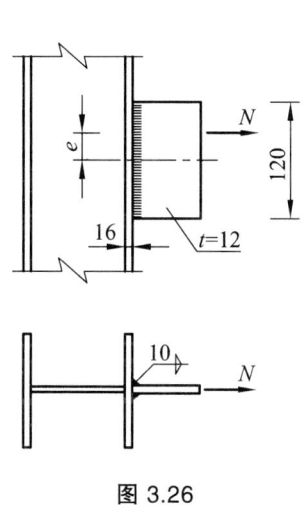
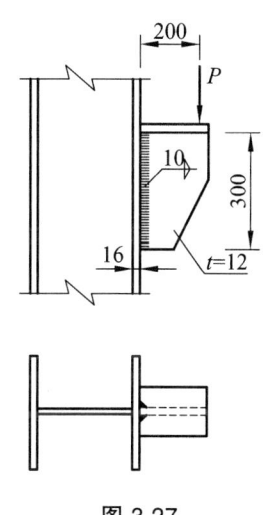

图 3.26 图 3.27

8. 如图 3.28 所示，钢板与柱翼缘用直角焊缝连接，钢板厚度为 10 mm，翼缘厚度为 12 mm，钢材为 Q235 钢，手工焊，焊条为 E43 型，设引弧板施焊。已知 $F = 150$ kN（设计值），$e = 100$ mm，$\theta = 30°$，$f_f^w = 160$ N/mm²，确定此焊缝的最小焊角高度 h_f。

9. 验算图 3.29 示方管牛腿与柱连接的角焊缝。钢材为 Q345，采用 E50 焊条手工焊；直接动力荷载设计值 $F = 400$ kN，$f_f^w = 200$ N/mm²。

10. 如图 3.30 所示一支托板与柱的搭接连接，采用三边围焊的角焊缝，偏心作用的静力荷载 $P = 160$ kN，钢材为 Q235，焊条 E43 型，手工焊，可忽略焊缝起灭弧点的缺陷影响。试确定角焊缝的尺寸 h_f。

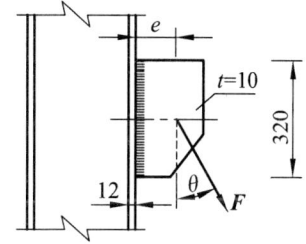
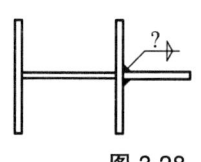

图 3.28

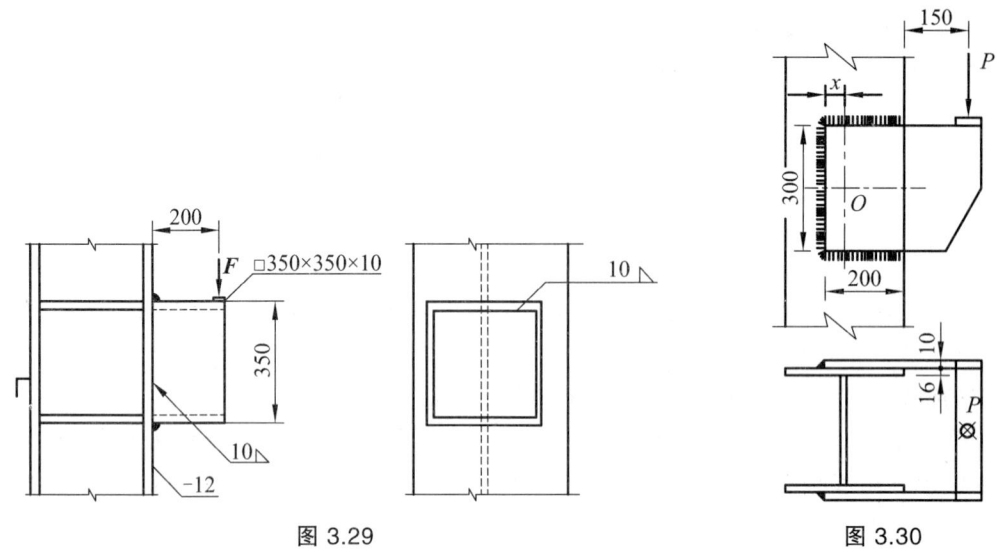

图 3.29　　　　　　　　　　　　　　图 3.30

11. 如图 3.31 所示，两块钢板（Q235）采用螺栓进行对接，被连接钢板与拼装盖板（Q235）相关尺寸图中已标明。试分别计算采用以下两种螺栓连接时轴向拉力 N 的最大设计值（螺栓孔径均为 21.5 mm）：① C 级普通螺栓 M20；② 8.8 级高强度螺栓 M20，抗滑移系数 $\mu = 0.35$，按摩擦型连接设计。

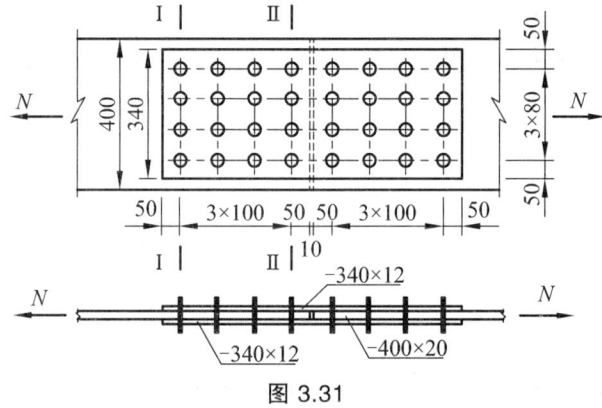

图 3.31

12. 如图 3.32 所示，两块钢板（Q235）采用 10.9 级高强度螺栓 M20 对接，螺栓孔径为

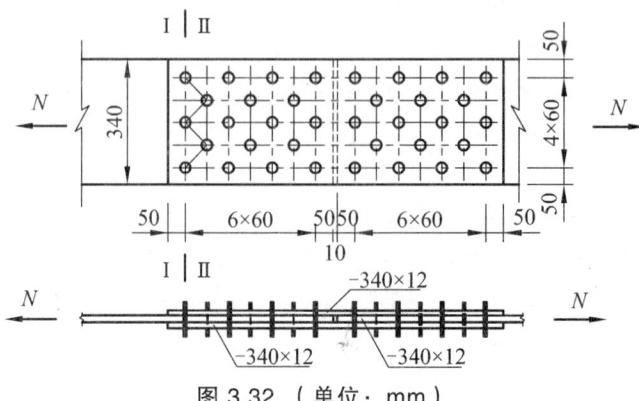

图 3.32　（单位：mm）

21.5 mm，抗滑移系数 $\mu = 0.35$。被连接钢板与拼装盖板（Q235）相关尺寸图中已标明。轴向拉力 $N_{设计值} = 1\,200$ kN，试对该连接进行强度检算。

13. 如图 3.33 所示牛腿，用 C 级粗制螺栓 M22 与柱翼缘相连，螺栓孔径 $d_0 = 23.5$ mm，连接的构造形式和尺寸如图，构件钢材采用 Q235 已知：$P = 300$ kN，$f_v^b = 140$ N/mm^2，$f_c^b = 305$ N/mm^2，试验算该牛腿与柱翼缘的连接是否安全？

14. 如图 3.34 所示的螺栓连接，钢材采用 Q235，$e = 150$ mm，$N = 100$ kN，试分别验算两种螺栓连接的承载力：（1）采用 8.8 级高强螺栓 M20，设计为摩擦型连接，预拉力 $P = 125$ kN，$\mu = 0.45$；（2）采用 C 级普通螺栓 M20，$f_t^b = 170$ N/mm^2，$d_e = 17.65$ mm。

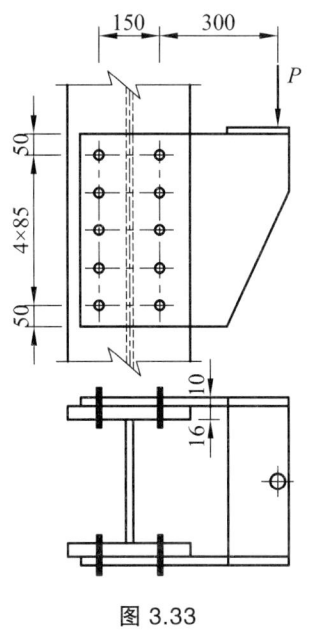

图 3.33

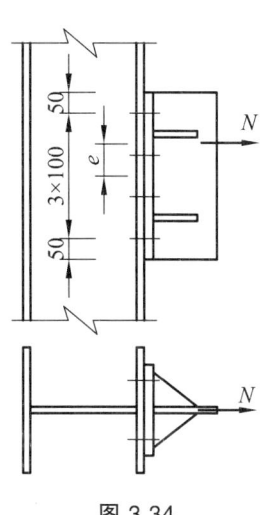

图 3.34

15. 如图 3.35 所示，钢材均采用 Q235，螺栓连接采用 C 级粗制螺栓，$e = 150$ mm，$F = 200$ kN，从承载力角度计算确定此连接需要的最小螺栓直径。已知：$f_v^b = 140$ N/mm^2，$f_c^b = 305$ N/mm^2，$f_t^b = 170$ N/mm^2。

普通螺栓规格

直 径	16	18	20	22	24	27	30	33	36	39	42	45
有效直径	14.12	15.65	17.65	19.65	21.19	24.19	26.72	29.72	32.25	35.25	37.78	40.78
有效面积	156.7	192.5	244.8	303.4	352.5	459.4	560.6	693.6	816.7	975.8	1 121.0	1 306.0

16. 如图 3.36 所示牛腿用连接角钢 2∟100×12 和 M22 高强度螺栓（10.9 级，预拉力 $P = 190$ kN，按摩擦型设计，$d_0 = 23.5$ mm）和柱相连，钢材为 Q345，接触面喷砂处理，$\mu = 0.5$，静力荷载设计值 $F = 240$ kN，$e = 200$ mm。试验算连接角钢与立柱翼缘间连接螺栓的承载力。

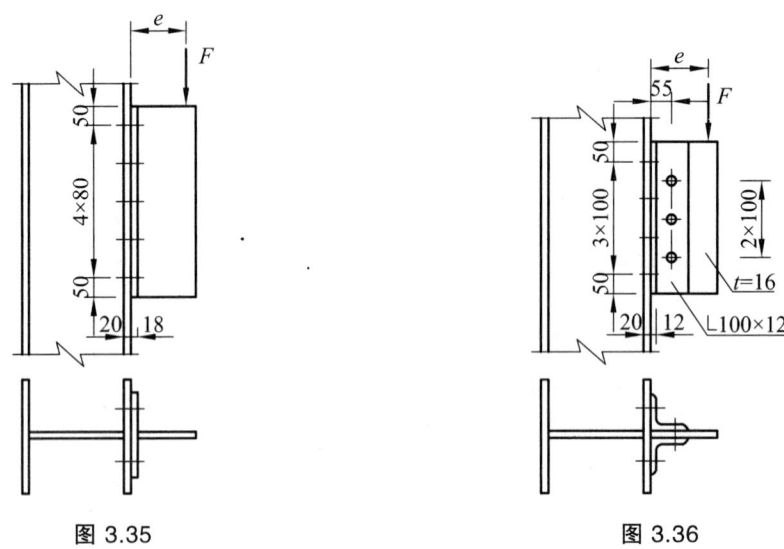

图 3.35 图 3.36

17. 如图 3.37 所示的连接节点,斜杆承受轴向拉力设计值 $F = 250$ kN,钢材采用 Q235。螺栓连接采用 C 级普通螺栓 M22,$d_0 = 23.5$ mm,$f_v^b = 140$ N/mm^2,$f_c^b = 305$ N/mm^2,$f_t^b = 170$ N/mm^2,$d_e = 19.65$ mm,偏心距 $e_0 = 50$ mm,翼缘板与柱采用 10 个受拉普通螺栓,其承载力是否满足要求?

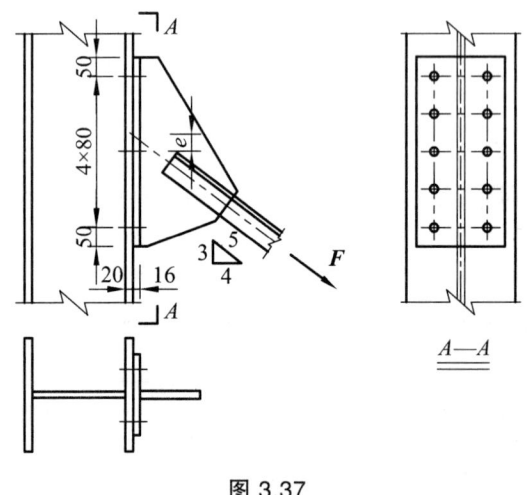

图 3.37

18. 梁的拼接构造如图 3.38 所示,钢材 Q235,连接承受的弯矩 $M = 1\,000$ kN·m,剪力 $V = 100$ kN。螺栓采用 10.9 级高强度螺栓,M20,按摩擦型连接设计,$d_0 = 21.5$ mm。接触面喷砂处理,$P = 155$ kN,$\mu = 0.45$。试验算高强度螺栓连接的承载力。(提示:梁腹板分担的弯矩按 $M_w = MI_w/I$ 计算,剪力全部由腹板承受。)

第 3 章 钢结构的连接

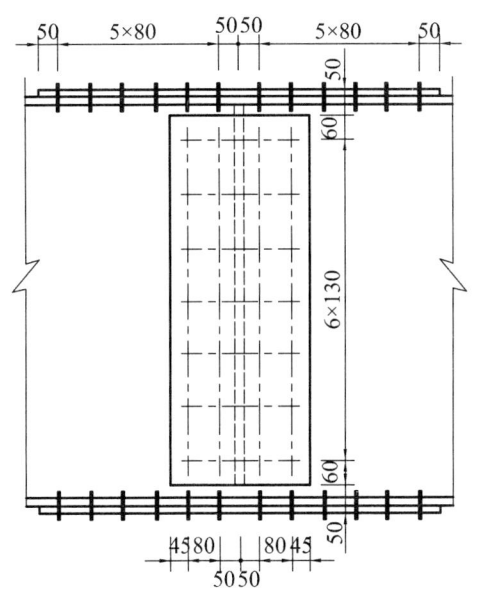
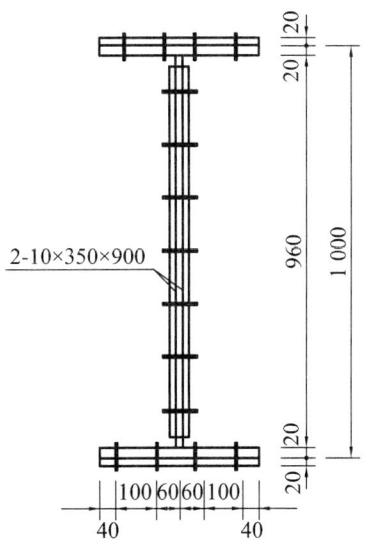

图 3.38

习题答案

3.2.1 填空题

1. 正面角焊缝（端缝），侧面角焊缝（侧缝），高，差
2. 减小焊接残余应力和残余变形
3. 1.22，1.0
4. 对拉，搭接，顶接
5. 对接焊缝，角焊缝
6. 平焊，立焊，横焊，仰焊，仰焊
7. 低
8. $\sqrt{\sigma^2+3\tau^2} \leqslant 1.1 f_t^w$
9. $\tan\theta \leqslant 1.5$ 或 $\theta \leqslant 56.3°$
10. $2t$，$2h_f$
11. 1∶2.5
12. 动力
13. 腹板
14. 直线，凹
15. 相等
16. E43
17. 纵向，横向，板厚方向，塑性，脆性
18. 焊脚尺寸，$0.7h_f$，$h_e l_w$
19. 0.75，0.25
20. 螺杆受剪、孔壁承压，板间摩擦板

21. 摩擦型，承压型

22. $f_u = 800\,\text{N}/\text{mm}^2$，$f_y/f_u = 0.8$

23. 板端冲剪

24. 螺杆抗剪承载力，孔壁承压承载力

25. 0.5

26. 孔壁承压对应的所有板中，同向受压板件的厚度和的最小者

27. 净

28. 螺杆剪切破坏，孔壁承压破坏，板端冲剪破坏，螺杆弯曲破坏，构件沿净截面拉（压）破坏

29. 制作精度不同，材料和传力性能不同

30. 需要为施工留空间，并防止板端冲剪破坏；需要防止接触面因不密贴而受潮气侵入导致锈蚀，当板件受压时还要保证不发生张口鼓曲

31. 弯矩作用受压侧的最外排螺栓处，螺栓群中心位置

3.2.2 选择题

1	2	3	4	5	6	7	8	9	10	11	12	13	14	15	16
C	B	C	C	A	C	B	C	C	A	C	C	A	D	B	D
17	18	19	20	21	22	23	24	25	26	27	28	29	30		
B	B	D	B	C	A	A	D	D	C	C	A	B	D		

3.2.3 简答题

1. 优点：不削弱构件截面，构造简单，制造方便，可节省拼接材料，连接刚度大，密封性能好，工业化生产程度高。

   缺点：焊缝附近存在钢材的热影响区，材质变脆；焊接后会产生焊接残余应力和残余变形，对结构的承载力、刚度、疲劳性能等多方面产生不利影响；焊接刚度大，使局部裂纹一产生就很容易扩展，尤其是低温下更容易发生脆性断裂。

2. 按被连接构件的位置关系连接分为对接（平接）、搭接（错接）、顶接。焊缝按自身构造的不同分为对接焊缝和角焊缝。对接连接可采用对接焊缝，亦可采用角焊缝，还能用螺栓连接。"T"形连接可采用角焊缝，亦可采用对接焊缝，同样还能用螺栓连接。

3. 对接焊缝与被焊构件在同一平面内，构件受力通过焊缝传递时是平顺的，故两者受力状态相同，而且对接焊缝的有效截面与被焊构件基本相同，因此应力分布状态亦基本相同，所以对接焊缝的强度计算方法与被焊构件基本相同。此外，焊缝材料在选择时遵循不低于母材的原则，因此，很多时候，对接焊缝的强度是不必检算的，只要构件强度满足，对接焊缝的强度亦满足。但当对接焊缝因施焊未采用引弧板，其有效截面比构件截面小时，或者焊缝质量为三级焊缝，因焊接缺陷较多，其抗拉强度比构件低时，须对接焊缝进行强度检算。

4. 正面角焊缝：焊缝长度方向垂直于受力方向，其特点是受力后应力状态复杂，应力集

第 3 章 钢结构的连接

中现象严重,焊缝根部形成高峰应力,易开裂。其破坏强度要比侧面角焊缝高些,塑性则要差些。

侧面角焊缝:焊缝长度方向与受力方向平行,其特点是应力分布简单些,但分布并不均匀,剪应力呈两头大、中间小的状态。其破坏强度要比正面角焊缝低些,塑性则要好些。

5. 角焊缝的焊脚尺寸太大,则焊接输入热量大,较薄的板件容易被烧穿,热影响区范围较大,焊缝脆性大,焊接残余应力和残余变形大;焊脚尺寸过小则焊缝冷却过快,易出现收缩裂纹。

6. 侧面角焊缝沿长度方向的剪应力分布并不均匀,呈两端大、中间小的规律,焊缝越长,不均匀程度越明显。若焊缝过长,则两端的应力可能先行达到极限而破坏。因此侧面角焊缝的计算长度不能太大。当侧焊缝的实际长度超过规定的计算长度限值时,超过部分的焊缝不能作为有效焊缝考虑。

7. 搭接连接的角焊缝在扭矩作用下的计算有如下假定:① 被连接构件是绝对刚性的,而角焊缝是弹性的;② 被连接构件绕焊缝形心旋转,角焊缝群上任一点的应力方向作用于该点与形心的连线,且应力的大小与该连线距离成正比。

8. 焊接残余应力会在构件内部形成三向受拉的应力场,导致材料脆性断裂;焊接残余应力也使构件截面上的局部区域较早进入塑性工作阶段,因而降低了构件的刚度,对于受压构件还会降低其稳定承载力;对承受疲劳荷载的结构,焊接残余应力的存在使疲劳裂缝的扩展更快,缩短了构件的疲劳寿命。对于具有良好塑性的常温工作的构件,焊接残余应力不会对其静力强度产生明显影响。

9. 最大容许距离是为保证构件密贴,防止构件发生张口或鼓曲现象,以免水汽等侵入缝隙,造成锈蚀;最小容许距离则保证螺栓的施拧有足够的空间,也保证构件截面不至削弱过多,降低其承载力,还能保证孔间钢板不致因受剪面积过小而发生冲剪破坏。

10. 普通螺栓连接受剪时可能发生的破坏形式有:螺栓杆剪切破坏,被连接板件孔壁承压破坏,构件沿净截面发生拉(压)破坏,板端发生冲剪破坏,螺栓杆发生弯曲破坏。可用构造措施避免的破坏形式有板端发生冲剪破坏(螺栓布置的端距不小于 $2d_0$)和螺栓杆发生弯曲破坏(被连接板件的板叠厚度不大于 $5d$)。

11. 在传递剪力的连接中,高强螺栓摩擦型连接完全靠板间的摩擦作用传递剪力,摩擦作用被克服意味着超出了连接承载力极限;普通螺栓连接则要经过摩擦作用被克服、板间滑移阶段后,靠螺栓杆与孔壁的互相挤压使螺栓杆受剪、孔壁承压来传递绝大部分外剪力,其达到承载力极限状态时可能发生栓杆剪切破坏,也可能发生孔壁承压破坏。

12. 提高摩擦型高强度螺栓单栓抗剪承载力可以采用更高强度的材料以增大螺栓预拉力 P;采取更好的表面处理方法以提高摩擦面的抗滑移系数。

13. 普通螺栓连接在弯矩作用下,被连接板件必然存在板间受压区,以和螺栓的拉力平衡。根据弯矩作用的规律,受压区必定在连接的外侧边缘,故一般近似认为最外排螺栓以外的板端受压,而该最外排螺栓中心线即弯矩作用下的中性轴。摩擦型高强度螺栓连接在弯矩作用下,因为有 $N_t \leqslant 0.8P$ 的要求,被连接板件总是被压紧的,承受弯矩作用的始终是板间挤压面,因此弯矩作用的中性轴应是该接触面的形心主轴,即螺栓群的形心轴。

3.2.4 计算题

1. 解：

分析：本题是两不等厚钢板的对接焊缝在偏心拉力作用下的强度复核。首先认识构造，其次分析受力，最后检算强度。构造上应清楚对接焊缝的截面厚度与薄板相同，焊缝长度 = 板件宽度 $-2t_{min}$；焊缝受偏心拉力作用，将力平移为轴心力并添加平移力矩（即弯矩）；最后计算轴拉力与弯矩在焊缝截面上产生的应力，完成强度检算。

（1）将外力 N 平移至构件轴线，则有：$N_t = 400$ kN，$M = Ne = 400 \times 120 = 48\,000$ kN·mm。

（2）计算对接焊缝截面特性值：

$$l_w = l - 2t = 500 - 2 \times 12 = 476 \text{ (mm)}$$

$$A_w = l_w t = 476 \times 12 = 5\,712 \text{ (mm}^2\text{)}$$

$$I_w = \frac{t \cdot l_w^3}{12} = \frac{12 \times 476^3}{12} = 1.078\,5 \times 10^8 \text{ (mm}^4\text{)}$$

$$W_w = \frac{I_w}{l_w/2} = \frac{1.078\,5 \times 10^8}{476/2} = 4.53 \times 10^5 \text{ (mm}^4\text{)}$$

（3）计算拉力 N_t 和弯矩 M 各自单独作用下焊缝的应力。

轴向拉力 N_t 作用下焊缝均匀受拉，其截面应力为

$$\sigma_N = \frac{N_t}{A_w} = \frac{400 \times 10^3}{5\,712} = 70.0 \text{ (N/mm}^2\text{)}$$

在弯矩 M 作用下，焊缝上端受拉、下端受压，结合轴向拉力作用，可判断焊缝的强度危险点是上端点。该点在 M 作用下的应力为

$$\sigma_M = \frac{M}{W_w} = \frac{48\,000 \times 10^3}{4.53 \times 10^5} = 106.0 \text{ (N/mm}^2\text{)}$$

（4）对接焊缝强度检算。

焊缝上端点强度：$\sigma = \sigma_N + \sigma_M = 70.0 + 106.0 = 176.0 \text{ N/mm}^2 < f_t^w = 185 \text{ N/mm}^2$，强度合格

根据拉力 N_t 和弯矩 M 的应力分布规律，很明显焊缝下端点不论是拉应力还是压应力，其绝对值定比上端点小，故不必检算其强度。

2. 解：

分析：工字形截面的牛腿与柱的翼缘板用对接焊缝连接，此时对接焊缝的计算截面与牛腿端面完全一样。计算时需先将斜向作用力 F 分解并平移至焊缝截面形心处，然后采用材料力学的基本知识即可计算相关应力并检算强度。

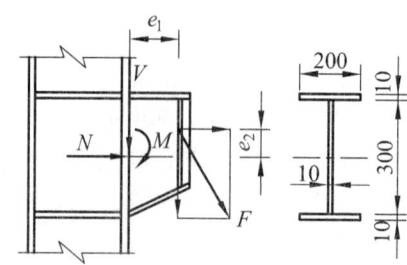

（1）将外力 F 分解在水平与竖直两个方向，并平移至焊缝形心处，则有：

$$N = F \cdot \sin 30° = 160 \text{ (kN)}, \quad V = F \cdot \cos 30° = 277.1 \text{ (kN)}$$

$$M = Ve_1 + Ne_2 = 277.1 \times 300 + 160 \times 60 = 92\,730 \text{ (kN·mm)}$$

（2）计算焊缝截面特性值

$$A_w = 200 \times 10 \times 2 + 300 \times 10 = 7\,000 \text{ (mm}^2\text{)}$$

$$I_w = \frac{200 \times 320^3}{12} - \frac{190 \times 300^3}{12} = 5.034 \times 10^8 \text{ (mm}^4\text{)}$$

$$W_w = \frac{I_w}{h/2} = \frac{5.034 \times 10^8}{320/2} = 3.146 \times 10^6 \text{ (mm}^3\text{)}$$

$$S_{w,\max} = 200 \times 10 \times \left(\frac{300}{2} + 5\right) + \frac{300}{2} \times 10 \times \frac{300}{4} = 4.225 \times 10^5 \text{ (mm}^3\text{)}$$

（3）焊缝最大正应力检算：

$$\sigma_N = \frac{N}{A_w} = \frac{160 \times 10^3}{7\,000} = 22.9 \text{ (N/mm}^2\text{)}$$

$$\sigma_M = \frac{M}{W_w} = \frac{92\,730 \times 10^3}{3.146 \times 10^6} = 29.5 \text{ (N/mm}^2\text{)}$$

$$\sigma = \sigma_N + \sigma_M = 22.9 + 29.5 = 52.4 \text{ (N/mm}^2\text{)} < f_t^w = 185 \text{ N/mm}^2，合格$$

（4）焊缝剪应力检算。

焊缝形心轴处剪应力最大：

$$\tau_{\max} = \frac{VS_{s,\max}}{I_w \delta} = \frac{277.1 \times 10^3 \times 4.225 \times 10^5}{5.034 \times 10^8 \times 10} = 23.3 \text{ N/mm}^2 < f_v^w = 125 \text{ N/mm}^2，合格$$

（5）焊缝折算应力检算。

水平与竖直焊缝相交处存在折算应力过高的风险，应检算其强度。

鉴于前述计算的最大正应力和最大剪应力均较小，可按下面方式粗算折算应力：

折算应力：$\sigma_{eq} < \sqrt{\sigma_{\max}^2 + 3\tau_{\max}^2} = \sqrt{52.4^2 + 3 \times 23.3^2} = 66.1 \text{ N/mm}^2 < 1.1 f_t^w = 203.5 \text{ N/mm}^2$，合格

综上各项计算结果，焊缝强度合格。

3. 解：

分析：焊缝的设计一般先根据被连接板件的厚度来确定合理的焊缝焊脚尺寸 h_f，然后通过承载力要求确定焊缝长度，并复核其构造要求。

（1）拟定焊缝焊脚尺寸 h_f：

由焊缝的构造要求：

$$h_{f\min} = 1.5\sqrt{t_{\max}} = 1.5 \times \sqrt{14} = 5.6 \text{ (mm)}$$

$$h_{f\max} = t_{\min} - (1 \sim 2) = 8 \sim 9 \text{ (mm)}$$

取 $h_f = 6$ mm

（2）计算端缝的承载力：

$$N_1 = \beta_f f_f^w h_e \Sigma l_w = 1.22 \times 160 \times 0.7 \times 6 \times 150 \times 2 \times 10^{-3} = 246.0 \text{ (kN)}$$

（3）确定侧缝长度。

计算 1 条侧缝应有的承载力 N_2：

$$N_2 = \frac{1}{4}(N - N_1) = \frac{1}{4}(660 - 246.0) = 103.5 \text{ (kN)}$$

计算侧缝的计算长度 l_w'：

$$l_w' = \frac{N_2}{h e f_f^w} = \frac{103.5 \times 10^3}{0.7 \times 6 \times 160} = 154.0 \text{ (mm)}$$

复核侧焊缝构造要求：

$$l_{w\,\min}' = 154.0 \text{ mm} \geqslant 8h_f = 40 \text{ mm}，合格$$

$$l_{w\,\max}' = 154.0 \text{ mm} \leqslant 60h_f = 360 \text{ mm}，合格$$

考虑起（或灭）弧点焊缝缺陷的影响，侧缝的实际长度 l_w：

$l_w = l_w' + h_f = 154.0 + 6 = 160$ mm（因为三面围焊缝施焊时要绕焊，故 1 条侧缝上只有一个起（或灭）弧点，故焊缝实际长度只需增加 1 倍 h_f）

（4）确定盖板长度 L：

$$L = 2l_w + \delta = 2 \times 160 + 10 = 330 \text{ mm}$$

4. 解：

分析：确定轴拉力最大值 $N_{\max}$ 需要分别考虑被连接构件、拼接盖板和焊缝的承载力，三者中最小值即整个连接的承载力 $N_{\max}$。该焊缝连接中有端缝、侧缝和斜缝，这三种焊缝的承载力计算各有区别。

（1）计算焊缝承载力 N_1。

焊缝承载力由端缝、侧缝和斜缝三部分组成，先计算端缝承载力 N_{1-1}：

$$N_{1-1} = \beta_f f_f^w h e \Sigma l_{w1} = 1.22 \times 160 \times 0.7 \times 6 \times 100 \times 2 \times 10^{-3} = 164.0 \text{ (kN)}$$

计算侧缝承载力 N_{1-2}：

$$N_{1-2} = f_f^w h e \Sigma l_{w2} = 160 \times 0.7 \times 6 \times (80-6) \times 4 \times 10^{-3} = 198.9 \text{ (kN)}$$

计算斜缝承载力 N_{1-3}：

$$\sin\theta = \frac{100}{\sqrt{100^2 + 200^2}} = 0.447$$

$$N_{1-3} = \beta_{f\theta} f_f^w h e \Sigma l_w = \frac{1}{\sqrt{1-\sin^2\theta/3}} \times 160 \times 0.7 \times 6 \times 223.6 \times 4 \times 10^{-3} = 622.1 \text{ (kN)}$$

斜缝计算长度 l_{w3}：

$$l_{w3} = \sqrt{100^2 + 200^2} = 223.6 \text{ (mm)}$$

焊缝承载力 $N_1 = N_{1-1} + N_{1-2} + N_{1-3} = 985.0$ (kN)

（2）计算被连接板件承载力 N_2：

$$N_2 = Af = 340 \times 16 \times 215 \times 10^{-3} = 1169.6 \text{ (kN)}$$

（3）计算盖板承载力 N_3：

$$N_3 = Af = 2 \times 300 \times 10 \times 215 \times 10^{-3} = 1290.0 \text{ (kN)}$$

（4）连接的承载力 $N_{\max}$ 计算：

$$N_{\max} = \min(N_1, N_2, N_3) = 985.0 \text{ (kN)}$$

5. 解：

分析：题中角钢角焊缝分肢背焊缝和肢尖焊缝，先根据构造要求拟定焊脚尺寸，两种焊缝可采用不同的焊脚尺寸，要注意它们各自的构造要求。两焊缝受力也不同，通过相应的内力分配系数即可求出焊缝各自内力，根据内力即可求出各焊缝长度，注意要复核焊缝长度的构造要求。

（1）拟定焊缝焊脚尺寸。

由焊缝的构造要求，肢背角焊缝：

$$h_{f\min} = 1.5\sqrt{t_{\max}} = 1.5 \times \sqrt{14} = 5.6 \text{ (mm)}$$

$$h_{f\max} = 1.2 t_{\min} = 9.6 \text{ (mm)}$$

取肢背焊缝　　$h_{f1} = 8$ mm

由焊缝的构造要求，肢尖角焊缝：

$$h_{f\min} = 1.5\sqrt{t_{\max}} = 1.5 \times \sqrt{14} = 5.6 \text{ (mm)}$$

$$h_{f\max} = t_{\min} - (1 \sim 2) = 6 \sim 7 \text{ mm}$$

取肢尖焊缝　　$h_{f2} = 6$ mm

（2）计算焊缝内力：

肢背焊缝内力 $N_1 = k_1 N = 0.7 \times 300 = 210$ (kN)
肢尖焊缝内力 $N_2 = k_2 N = 0.3 \times 300 = 90$ (kN)

（3）确定焊缝长度。

肢背焊缝计算长度：

$$l_{w1} = \frac{N_1}{2 f_f^w he} = \frac{210 \times 10^3}{2 \times 160 \times 0.7 \times 8} = 117.2 \text{ (mm)}$$

$8h_f$ (64 mm) = 40 mm < l_{w1} (117.2 mm) < $60h_f$ (480 mm) 焊缝计算长度符合要求。

考虑起（灭）弧点焊缝缺陷的影响，肢背焊缝的实际长度：

$l_1 = l_{w1} + 2h_{f1} = 117.2 + 2 \times 8 = 133.2$ mm，取整为 135 mm。

肢尖焊缝计算长度：

$$l_{w2} = \frac{N_2}{2f_f^w he} = \frac{90\times 10^3}{2\times 160\times 0.7\times 6} = 67.0 \ (\text{mm})$$

$8h_f$ (48 mm) = 40 mm < l_{w1} (67.0 mm) < $60h_f$ (360 mm) 焊缝计算长度符合要求。
考虑起（灭）弧点焊缝缺陷的影响，肢尖焊缝的实际长度：
$l_2 = l_{w2} + 2h_{f2} = 67.0 + 2\times 6 = 80$ mm，取整为 115 mm。

6. 解：

分析：构件受偏心拉力作用，将此力平移至顶接角焊缝形心，则焊缝受轴向拉力与弯矩共同作用，且两项应力方向均与焊缝长度方向垂直。

（1）将构件所受荷载平移至焊缝形心：

$$N = 120 \text{ kN}, \quad M = Ne = 120\times 20 = 2\,400 \ (\text{kN}\cdot\text{mm})$$

（2）计算焊缝截面特性值

$$A_w = 2he l_w = 2\times 0.7\times 10\times (120 - 2\times 10) = 1\,400 \ (\text{mm}^2)$$

$$I_w = 2\cdot\frac{1}{12}he l_w^3 = 2\times\frac{1}{12}\times 0.7\times 10\times (120-2\times 10)^3 = 1.167\times 10^6 \ (\text{mm}^4)$$

（3）焊缝应力分析与检算。

根据轴力 N 与弯矩作用下焊缝应力的分布规律可确定，焊缝上边缘点应力最大：

$$\sigma_f = \frac{N}{A_w} + \frac{M}{I_w}\left(\frac{l_w}{2}\right) = \frac{120\times 10^3}{1\,400} + \frac{2\,400\times 10^3}{1.167\times 10^6}\times\left(\frac{120-2\times 10}{2}\right) = 188.5 \ \text{N/mm}^2$$

$$< \beta_f f_f^w = 1.22\times 160 = 195.2 \ (\text{N/mm}^2)，焊缝强度合格$$

（4）将 N 变为压力，则最不利点位置不变，且应力大小也不变，焊缝只是由受拉变为了受压。但由于焊缝抗拉抗压强度相同，故焊缝承载力不变。

7. 解：

分析：题中构造为典型的牛腿，牛腿受竖向荷载作用，连接牛腿与立柱翼缘板的两条竖向顶接焊缝则受竖剪力与弯矩共同作用。竖剪力作用下焊缝上应力均布，方向与焊缝长度方向平行；弯矩作用下，焊缝应力最大出现在最上缘（拉）和最下缘（压），方向与焊缝长度方向垂直。要通过计算焊缝的合应力而检算其强度。

（1）将荷载平移至焊缝形心：

$$V = 165 \text{ kN}, \quad M = Ve = 165\times 200 = 33\,000 \ (\text{kN}\cdot\text{mm})$$

（2）计算焊缝截面特性值：

$$A_w = 2he l_w = 2\times 0.7\times 10\times (300-2\times 10) = 3\,920 \ (\text{mm}^2)$$

$$I_w = 2\cdot\frac{1}{12}he l_w^3 = 2\times\frac{1}{12}\times 0.7\times 10\times (300-2\times 10)^3 = 2.561\times 10^7 \ (\text{mm}^4)$$

（3）焊缝应力分析与检算。

在 V 作用下，焊缝应力均匀分布，方向与焊缝长度方向平行：

$$\tau_f = \frac{V}{A_w} = \frac{165 \times 10^3}{3\,920} = 42.1 \ (\text{N/mm}^2)$$

弯矩作用下，焊缝上（下）边缘点应力最大，方向与焊缝长度方向垂直：

$$\sigma_f = \frac{M}{I_w}\left(\frac{l_w}{2}\right) = \frac{33\,000 \times 10^3}{2.561 \times 10^7} \times \left(\frac{300 - 2 \times 10}{2}\right) = 180.4 \ (\text{N/mm}^2)$$

焊缝合应力：

$$\sqrt{\left(\frac{\sigma}{\beta_f}\right)^2 + \tau_f^2} = \sqrt{\left(\frac{180.4}{1.22}\right)^2 + 42.1^2} = 153.7 \ (\text{N/mm}^2)$$

$$< f_f^w = 160 \ \text{N/mm}^2，焊缝强度合格$$

8. 解：

分析：本题与 7 题相较差别在于受力不同，将牛腿所受荷载分解在水平和竖直两个方向，并平移至焊缝中心，焊缝则受水平拉力、竖向剪力与弯矩共同作用。据此可计算由焊缝承载力确定的焊脚尺寸，再考虑构造要求即可最终确定脚尺寸。

（1）将荷载分解并平移至焊缝形心：

$$N = F\sin\theta = 300 \times \sin 30° = 75 \ (\text{kN})$$
$$V = F\cos\theta = 150 \times \cos 30° = 129.9 \ (\text{kN})$$
$$M = Ve = 129.9 \times 100 = 12\,990 \ (\text{kN} \cdot \text{mm})$$

（2）计算焊缝截面特性值：

$$A_w = 2he l_w = 2 \times 0.7 h_f \times 320 = 448 h_f \ (\text{mm})$$

$$I_w = 2 \cdot \frac{1}{12} he l_w^3 = 2 \times \frac{1}{12} \times 0.7 h_f \times 320^3 = 3.823 h_f \times 10^6 \ (\text{mm}^4)$$

（3）焊缝应力分析与检算。

在 V 作用下，焊缝应力均匀分布，方向与焊缝长度方向平行：

$$\tau_f = \frac{V}{A_w} = \frac{129.9 \times 10^3}{448 h_f} = \frac{290.0}{h_f} \ (\text{N/mm}^2)$$

在 N 作用下，焊缝应力均匀分布，方向与焊缝长度方向垂直：

$$\sigma_f^N = \frac{N}{A_w} = \frac{75 \times 10^3}{448 h_f} = \frac{167.4}{h_f} \ (\text{N/mm}^2)$$

弯矩作用下，焊缝上边缘点应力最大，且与 N 作用下的应力同向：

$$\sigma_f^M = \frac{M}{I_w}\left(\frac{l_w}{2}\right) = \frac{12\,990 \times 10^3}{3.823 h_f \times 10^6} \times \left(\frac{320}{2}\right) = \frac{543.7}{h_f} \ (\text{N/mm}^2)$$

检算焊缝强度：

$$\sqrt{\left(\frac{\sigma}{\beta_f}\right)^2 + \tau_f^2} = \sqrt{\left(\frac{167.4 + 543.7}{1.22 \times h_f}\right)^2 + \left(\frac{290.0}{h_f}\right)^2} = \frac{651.0}{h_f} \text{ (N/mm}^2)$$

$$\leqslant f_f^w = 160 \text{ N/mm}^2$$

故 $h_f \geqslant 4.1$ mm。

（4）结合构造要求确定焊缝焊脚尺寸：

$$h_{f\min} = 1.5\sqrt{t_{\max}} = 1.5 \times \sqrt{12} = 5.2 \text{ (mm)}$$

$$h_{f\max} = 1.2 t_{\min} = 1.2 \times 10 = 12 \text{ (mm)}$$

故 h_f 最小取 6 mm。

9．解：

分析：牛腿采用方管钢并用角焊缝围焊时，连接焊缝的有效截面完全可等效为工字形截面。将牛腿荷载平移至焊缝形心处，则焊缝受竖剪力与弯矩共同作用。竖剪力作用下焊缝上应力均布，方向与焊缝长度方向平行；弯矩作用下，焊缝应力最大出现在最上缘（拉）和最下缘（压），方向与焊缝长度方向垂直。最后通过计算焊缝的合应力检算强度。另外，当承受动力荷载时，正面角焊缝的强度提高系数取 1.0。

（1）将荷载平移至焊缝形心：

$$V = 400 \text{ kN}, \quad M = Ve = 400 \times 200 = 80\,000 \text{ (kN} \cdot \text{mm)}$$

（2）计算焊缝截面特性值：

$$A_w = 4 \times 0.7 \times 10 \times 350 = 9\,800 \text{ (mm}^2)$$

$$I_w = 2 \times \frac{1}{12} hel_w^3 + 2hel_w\left(\frac{l_w}{2}\right)^2$$

$$= 2 \times \frac{1}{12} \times 0.7 \times 10 \times 350^3 + 2 \times 0.7 \times 10 \times 350 \times \left(\frac{350}{2}\right)^2$$

$$= 2.001 \times 10^8 \text{ (mm}^4)$$

（3）焊缝应力分析与检算。

在 V 作用考虑全部由竖向焊缝承受，应力均匀分布，方向与竖焊缝长度方向平行：

$$\tau_f = \frac{V}{A_w} = \frac{400 \times 10^3}{9\,800} = 40.8 \text{ (N/mm}^2)$$

$$< f_f^w = 160 \text{ N/mm}^2，竖焊缝在 } V \text{ 作用下强度合格}$$

弯矩作用下，焊缝上（下）边缘点应力最大，方向与焊缝长度方向垂直：

$$\sigma_f = \frac{M}{I_w}\left(\frac{l_w}{2}\right) = \frac{80\,000 \times 10^3}{2.001 \times 10^8} \times \frac{350}{2} = 70.0 \text{ (N/mm}^2) < \beta_f f_f^w = 1.0 \times 160 \text{ N/mm}^2$$

水平焊缝在 M 作用下强度合格。

另，对竖焊缝还应考虑 V、M 共同作用时的合应力：

$$\sqrt{\left(\frac{\sigma}{\beta_\mathrm{f}}\right)^2 + \tau_\mathrm{f}^2} = \sqrt{\left(\frac{70.0}{1.0}\right)^2 + 40.8^2} = 81.0~(\mathrm{N/mm^2}) < f_\mathrm{f}^\mathrm{w} = 160~\mathrm{N/mm^2}，合格$$

综上计算可得：焊缝强度合格。

10. 解：

分析：牛腿钢板与立柱翼缘板搭接，采用三面围焊方式，牛腿受竖向力作用，焊缝则偏心受剪。将荷载平移至焊缝形心，得竖剪力与扭矩。此种连接中通常考虑竖剪力在全部焊缝上均布；扭矩作用使焊缝不均匀受剪。计算剪力与扭矩的共同作用，则需要先判断焊缝的危险点，再计算该点的各向应力。最后计算焊缝的合应力，检算焊缝强度。

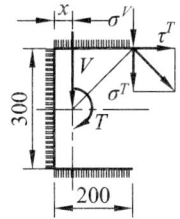

（1）计算焊缝截面特性值：

$$A_\mathrm{w} = 0.7h_\mathrm{f} \times (200 + 300 + 200) = 490h_\mathrm{f}~(\mathrm{mm^2})$$

采用静面矩法计算焊缝截面形心：

$$x = \frac{2 \times 0.7h_\mathrm{f} \times 200 \times (200/2)}{490h_\mathrm{f}} = 57.1~(\mathrm{mm^2})$$

$$I_{\mathrm{w}x} = \frac{1}{12} \times 0.7h_\mathrm{f} \times 300^3 + 2 \times 0.7h_\mathrm{f} \times 200 \times \left(\frac{300}{2}\right)^2 = 7.857 \times 10^6 h_\mathrm{f}~(\mathrm{mm^4})$$

$$I_{\mathrm{w}y} = 2 \times \left(\frac{1}{12} \times 0.7h_\mathrm{f} \times 200^3 + 0.7h_\mathrm{f} \times 200 \times (200/2 - 57.1)^2\right) + 0.7h_\mathrm{f} \times 300 \times (57.1)^2$$

$$= 2.133 \times 10^6 h_\mathrm{f}~(\mathrm{mm^4})$$

$$I_{\mathrm{w}p} = I_{\mathrm{w}x} + I_{\mathrm{w}y} = 9.990 \times 10^6 h_\mathrm{f}~(\mathrm{mm^4})$$

（2）将荷载平移至焊缝形心：

$$V = 160~\mathrm{kN}$$
$$T = Ve = 160 \times (150 + 200 - 57.1) = 46\,864~(\mathrm{kN \cdot mm})$$

（3）焊缝应力分析。

考虑 V 与 T 共同作用下，焊缝的危险点是右上与右下两个角隅点，两点应力大小相同，如图取右上角隅点计算：

在 V 作用考虑由全部焊缝均匀承受，方向与计算点所在的焊缝（即水平焊缝）的长度方向垂直：

$$\sigma^V = \frac{V}{A_w} = \frac{160\times 10^3}{490 h_f} = \frac{326.5}{h_f} \ (\text{N/mm}^2)$$

扭矩作用下，焊缝计算点应力分解在与焊缝长度方向平行和垂直两个方向，两个应力分别为

$$\sigma^T = \frac{Tr_x}{I_{wp}} = \frac{46\,864\times 10^3 \times (200-57.1)}{9.990\times 10^6 h_f} = \frac{670.4}{h_f} \ (\text{N/mm}^2)$$

$$\tau^T = \frac{Tr_y}{I_{wp}} = \frac{46\,864\times 10^3 \times (300/2)}{9.990\times 10^6 h_f} = \frac{703.7}{h_f} \ (\text{N/mm}^2)$$

（4）确定焊缝焊脚尺寸。

焊缝强度需满足下式：

$$\sqrt{\left(\frac{\sigma}{\beta_f}\right)^2 + \tau_f^2} = \sqrt{\left(\frac{326.5+670.4}{1.22 h_f}\right)^2 + \left(\frac{703.7}{h_f}\right)^2} = \frac{1\,078.4}{h_f} \ (\text{N/mm}^2)$$

$$\leqslant f_f^w = 160 \ \text{N/mm}^2$$

故 $h_f \geqslant 6.8$ mm。

根据焊缝的构造要求：

$$h_{f\min} = 1.5\sqrt{t_{\max}} = 1.5\times\sqrt{16} = 6 \ (\text{mm})$$

$$h_{f\max} = t_{\min} - (1\sim 2) = 8\sim 9 \ (\text{mm})$$

综合考虑，焊缝焊脚尺寸 h_f 可取 7 mm。

11. 解：

分析：计算构件轴向拉力 N 的最大值需要考虑螺栓群、构件钢板、盖板三者各自的承载力，三者中的最小值即 $N_{\max}$。螺栓连接轴心受剪，计算螺栓群承载力时需要注意折减系数 η。构件钢板和盖板无法确定哪个承载力更小，需要分别计算再比较。计算承板件承载力时还需注意，对普通螺栓连接取危险净截面计算；对高强度螺栓摩擦型连接，因存在"孔前传力"，应分别取毛截面和危险净截面计算，再取较小值。

（1）普通螺栓连接。

① 查表。

C 级普通螺栓 M20：$f_v^b = 140 \ \text{N/mm}^2$，$f_c^b = 305 \ \text{N/mm}^2$

构件钢板：$f = 205 \ \text{N/mm}^2$，盖板：$f = 215 \ \text{N/mm}^2$

② 计算单栓承载力：

$$N_v^b = n_v \frac{\pi d^2}{4} f_v^b = 2\times \frac{\pi\times 20^2}{4}\times 140\times 10^{-3} = 88 \ (\text{kN})$$

$$N_c^b = d\sum t f_c^b = 20\times 20\times 305\times 10^{-3} = 122 \ (\text{kN})$$

注：$\sum t = \min$（构件钢板厚度，两盖板厚度之和）

第 3 章 钢结构的连接

单栓抗剪承载力：$N_{v,\min}^b = 88 \text{ kN}$

③ 计算螺栓群的承载力 N_I：

因为 $l_1 = 300 \text{ mm} < 15d_0 = 15 \times 21.5 = 322.5 \text{ mm}$

故该螺栓连接不属于长连接，螺栓抗剪承载力不折减，即

$$N_I = nN_{v,\min}^b = 16 \times 88 = 1\,408 \text{ (kN)}$$

④ 计算构件承载力 N_{II}：

构件钢板可能沿图中 I—I 截面发生拉坏，对应的承载力为

$$N_{II} = A_n f = (400 \times 20 - 4 \times 21.5 \times 20) \times 205 \times 10^{-3} = 1\,287 \text{ (kN)}$$

⑤ 计算盖板承载力 N_{III}：

拼接盖板可能沿图中 II—II 截面发生拉坏，对应的承载力为

$$N_{III} = A_n f = (340 \times 24 - 4 \times 21.5 \times 24) \times 215 \times 10^{-3} = 1\,310 \text{ (kN)}$$

综上螺栓群、构件钢板、拼接盖板的承载力，可见，轴向拉力

$$N_{\max} = \min(N_I, N_{II}, N_{III}) = 1\,287 \text{ kN}$$

（2）高强度螺栓摩擦型连接。

① 查表。

8.8 级高强度螺栓 M20：预拉力 $P = 125 \text{ kN}$

构件钢板：$f = 205 \text{ N/mm}^2$，盖板：$f = 215 \text{ N/mm}^2$

② 计算单栓承载力：

$$N_v^b = 0.9 n_f \mu P = 0.9 \times 2 \times 0.35 \times 125 = 78 \text{ (kN)}$$

③ 计算螺栓群的承载力 N_I：

因 $l_1 = 300 \text{ mm} < 15d_0 = 15 \times 21.5 = 322.5 \text{ mm}$

故该螺栓连接不属于长连接，螺栓抗剪承载力不折减，即

$$N_I = nN_v^b = 16 \times 90 = 1\,248 \text{ (kN)}$$

④ 计算构件承载力 N_{II}：

构件的毛截面承载力 $N_{II-1} = Af = 400 \times 20 \times 205 \times 10^{-3} = 1\,640 \text{ (kN)}$

构件可能沿图中 I—I 截面发生拉坏，对应的承载力 N_{II-2}。

根据净截面强度要求：

$$\frac{N_{I-1}}{A_n} = \frac{\left(1 - \dfrac{0.5 n_I}{n}\right) N}{A_n} \leq f$$

故 $N \leq \dfrac{A_n f}{\left(1 - \dfrac{0.5 n_I}{n}\right)} = \dfrac{(400 \times 20 - 4 \times 21.5 \times 20) \times 205}{1 - \dfrac{0.5 \times 4}{16}} = 1\,471 \text{ (kN)}$

则 $N_{\text{II}-2} = 1\,471 \text{ kN}$

⑤ 计算盖板承载力 N_{III}：

盖板的毛截面承载力 $N_{\text{III}-1} = Af = 340 \times 24 \times 215 \times 10^{-3} = 1\,754$ (kN)

盖板可能沿图中 II—II 截面发生拉坏，对应的承载力 $N_{\text{III}-2}$。

根据净截面强度要求：

$$\frac{N_{\text{II}-\text{II}}}{A_n} = \frac{\left(1 - \dfrac{0.5n_{\text{II}}}{n}\right)N}{A_n} \leqslant f$$

$$N \leqslant \frac{A_n f}{\left(1 - \dfrac{0.5n_{\text{II}}}{n}\right)} = \frac{(340 \times 24 - 4 \times 21.5 \times 24) \times 215}{1 - \dfrac{0.5 \times 4}{16}} = 1\,497 \text{ (kN)}$$

则 $N_{\text{III}-2} = 1\,497 \text{ kN}$

综上螺栓群、构件钢板、拼接盖板的承载力，轴向拉力 $N_{\max}$：

$$N_{\max} = \min(N_\text{I}, N_{\text{II}-1}, N_{\text{II}-2}, N_{\text{III}-1}, N_{\text{III}-2}) = 1\,248 \text{ kN}$$

12．解：

分析：同前一题目类似，连接在轴向拉力 N 是否安全需要综合考虑螺栓群、构件钢板、拼接盖板三者的强度。与前一题不同的是，此题的螺栓连接采用错列的布置方式，因此，计算承板件承载力时板件的危险净截面可能是 I—I 截面，也可能是 II—II 锯齿形截面。

（1）查表。

10.9 级高强度螺栓 M20：预拉力 $P = 155 \text{ kN}$

构件钢板：$f = 205 \text{ N/mm}^2$，拼接盖板：$f = 215 \text{ N/mm}^2$

（2）计算单栓承载力：

$$N_v^b = 0.9 n_f \mu P = 0.9 \times 2 \times 0.35 \times 155 = 97.65 \text{ (kN)}$$

（3）检算螺栓群的承载力：

$$l_1 = 360 \text{ mm} > 15 d_0 = 15 \times 21.5 = 322.5 \text{ (mm)}$$

故该螺栓连接属于长连接，螺栓抗剪承载力应折减，$\eta = 1.1 - l_1/150 d_0 = 0.99$，则

$$N_v = \frac{N}{n} = \frac{1\,200}{18} = 66.67 \text{ (kN)} < N_v^b = 97.65 \text{ kN}，此项合格$$

（4）检算构件钢板与拼接盖板强度。

比较构件钢板与拼接盖板的强度承载力，构件钢板材料强度略低，横截面面积明显要小，因此只要构件钢板强度合格则拼接盖板一定合格，即只检算构件钢板强度即可。

构件可能在截面发生破坏：

$$\sigma = \frac{N}{A} = \frac{1\,200 \times 10^3}{340 \times 20} = 176.5 \text{ (N/mm}^2\text{)} < f = 205 \text{ N/mm}^2，此项合格$$

构件亦可能沿图中 I—I 截面发生拉坏：

$$\sigma = \frac{\left(1 - \frac{0.5n_1}{n}\right)N}{A_n} \leqslant f \Rightarrow \sigma = \frac{\left(1 - \frac{0.5 \times 3}{18}\right) \times 1200 \times 10^3}{340 \times 20 - 3 \times 21.5 \times 20} = 199.6 \ (\text{N/mm}^2)$$

$$\leqslant f = 205 \ \text{N/mm}^2, \ \text{此项合格}$$

构件还可能沿图中 Ⅱ—Ⅱ 锯齿形截面发生撕裂：

$$A_n = \left(2 \times 50 + 4 \times \sqrt{60^2 + 60^2} - 5 \times 21.5\right) \times 20 = 6638 \ (\text{mm}^2)$$

$$N_{\text{Ⅱ}-\text{Ⅱ}} = N - \frac{0.5n_{\text{Ⅱ}-\text{Ⅱ}}}{n}N = 1200 - \frac{0.5 \times 5}{18} \times 1200 = 1033.3 \ (\text{kN})$$

$$\sigma = \frac{N_{\text{Ⅱ}-\text{Ⅱ}}}{A_n} = \frac{1033.3 \times 10^3}{6638} = 155.7 \ (\text{N/mm}^2) \leqslant f = 205 \ \text{N/mm}^2, \ \text{此项合格}$$

综上，在外力 N 作用下，螺栓群、构件钢板、拼接盖板的强度均合格。

13. 解：

分析：根据受力类型，此题普通螺栓群属偏心受剪。首先将牛腿上的力平移至螺栓群形心，再判断危险螺栓并计算其所受剪力，最后通过合剪力与单栓抗剪承载力的比较可知其是否安全。

（1）查表。

C 级普通螺栓：$f_v^b = 140 \ \text{N/mm}^2$

构件钢板 Q235：$f_c^b = 305 \ \text{N/mm}^2$

（2）平移荷载 P 至螺栓群中心。

$$V = 300 \ \text{kN}$$
$$T = Ve = 300 \times (300 + 150/2) = 112500 \ (\text{kN} \cdot \text{mm})$$

（3）计算螺栓内力。

在剪力 V 作用下，$l_1 = 4 \times 85 = 340 \ (\text{mm}) < 15d_0 = 15 \times 23.5 = 352.5 \ (\text{mm})$，故可认为螺栓均匀受剪，则

$$N_v^V = \frac{V}{n} = \frac{300}{20} = 15 \ (\text{kN})$$

在扭矩 T 作用下，4 个角点的螺栓受剪最大，其剪大小相同，将此剪力再分解在水平（x 轴）和竖直（y 轴）两个方向，则两分量为

$$N_{vx}^T = \frac{Ty_i}{\sum(x_i^2 + y_i^2)} = \frac{112500 \times 170}{8 \times 85^2 + 8 \times 170^2 + 20 \times 75^2} = 47.6 \ (\text{kN})$$

$$N_{vy}^T = \frac{Tx_i}{\sum(x_i^2 + y_i^2)} = \frac{112500 \times 75}{8 \times 85^2 + 8 \times 170^2 + 20 \times 75^2} = 21.0 \ (\text{kN})$$

V 和 T 共同作用下，螺栓群中右上与右下角的螺栓受剪最大，其合剪力为

$$N_v = \sqrt{(N_{vx}^T)^2 + (N_v^V + N_{vy}^T)^2} = \sqrt{47.6^2 + (15 + 21.0)^2} = 59.7 \ (\text{kN})$$

（4）计算单栓抗剪承载力：

$$N_v^b = n_v \frac{\pi d^2}{4} f_v^b = 1 \times \frac{\pi \times 22^2}{4} \times 140 \times 10^{-3} = 53.2 \text{ (kN)}$$

$$N_c^b = d \sum t \cdot f_c^b = 22 \times 10 \times 305 \times 10^{-3} = 67.1 \text{ (kN)}$$

（5）检算螺栓承载力。

$$N_v = 59.7 \text{ kN} > \min(N_v^b, N_c^b) = 53.2 \text{ kN}，螺栓承载力不足$$

14. 解：

分析：根据受力类型，此题螺栓群属偏心受拉。题中要求计算两种螺栓连（接即普通螺栓群与高强度螺栓群）的承载力，意在比较两者偏心受拉时的受力状态与计算方法。对普通螺栓群可能出现大、小偏心的不同受力状态，需要计算判断；而对高强度螺栓群则只有一种受力状态，类似普通螺栓群的小偏心受拉。大、小偏心的本质区别是受力截面不同，其形心位置就不同，则偏心弯矩作用的中性轴位置就不同。

（1）当采用高强度螺栓连接时。

① 计算单栓的抗拉承载力：

$$N_t^b = 0.8P = 0.8 \times 125 = 100 \text{ (kN)}$$

② 计算偏心拉力作用下，螺栓的最大拉力。

高强度螺栓连接在偏心拉力作用下，中性轴始终与螺栓群的形心轴重合，故受拉力最大的是最上排螺栓，其拉力为

$$N_{t\max} = \frac{N}{n} + \frac{Ney_{\max}}{\sum y_i^2} = \frac{100}{8} + \frac{100 \times 150 \times 150}{4 \times 50^2 + 4 \times 150^2} = 35 \text{ (kN)}$$

③ 螺栓承载力检算。

$$N_{t\max} = 35 \text{ kN} < N_t^b = 100 \text{ kN}，合格$$

（2）当采用普通螺栓连接时。

① 计算单栓的抗拉承载力。

$$N_t^b = \frac{\pi d_e^2}{4} f_t^b = \frac{\pi \times 17.65^2}{4} \times 170 \times 10^{-3} = 41.6 \text{ (kN)}$$

② 计算偏心拉力作用下，螺栓的最大拉力。

普通螺栓连接在偏心拉力作用下，可能为大偏心或小偏心受拉状态，先假定为小偏心，则弯矩作用的中性轴与螺栓群形心轴重合。此时最上排螺栓受拉最大，最下排螺栓受拉最小。首先计算最下排螺栓的受力，以验证假定是否成立：

$$N_{t\max} = \frac{N}{n} + \frac{Ney_{\min}}{\sum y_i^2} = \frac{100}{8} + \frac{100 \times 150 \times (-150)}{4 \times 50^2 + 4 \times 150^2} = -10 \text{ (kN)} < 0$$

表明最下排螺栓不再受拉，意味着被连接板件间必存在受压区，即板件在最下排螺栓以下的部分受压。此时受力截面包括各螺栓横截面和最下排螺栓以下的受压区截面，故弯矩作用的

中性轴可近似取为最下排螺栓轴线。

故螺栓的最大拉力为

$$N_{t\max} = \frac{Ne'y'_{\max}}{\sum(y'_i)^2} = \frac{100\times(150+150)\times300}{2\times(100^2+200^2+300^2)} = 32.1 \text{ (kN)}$$

（3）螺栓承载力检算：

$$N_{t\max} = 32.1 \text{ kN} < N_t^b = 41.6 \text{ kN，合格}$$

15. 解：

分析：根据受力类型，此题普通螺栓群属拉剪联合作用，将牛腿所受的竖向力 F 平移至螺栓群中心，则螺栓受竖向剪力和弯矩共同作用。在剪力作用下，螺栓均匀受剪；在弯矩作用下，最上排螺栓受拉最大，且弯矩作用的中性轴近似取为最下排螺栓轴线。

（1）将外力 F 平移至螺栓群中心：

$$V = 200 \text{ kN}$$
$$M = Ve = 200\times150 = 30\,000 \text{ (kN·mm)}$$

（2）计算螺栓群中危险螺栓的内力。

在剪力 V 作用下，先假定螺栓均匀受剪。

$$N_v^V = \frac{V}{n} = \frac{200}{10} = 20 \text{ (kN)}$$

由于无轴向拉力，故在弯矩 M 作用下，螺栓连接的中性轴近似取为最下排螺栓轴线，最上排螺栓受拉最大：

$$N_{t\max} = \frac{My'_{\max}}{\sum(y'^2_i)} = \frac{30\,000\times320}{2\times(80^2+160^2+240^2+320^2)} = 25 \text{ (kN)}$$

（3）计算单栓承载力：

$$N_v^b = n_v \frac{\pi d^2}{4} f_v^b = 1\times\frac{\pi\times d^2}{4}\times140\times10^{-3} = 0.110d^2 \text{ (kN)}$$

$$N_c^b = d\sum t \cdot f_c^b = d\times18\times305\times10^{-3} = 5.49d \text{ (kN)}$$

$$N_t^b = \frac{\pi d_e^2}{4} f_t^b = \frac{\pi\times d_e^2}{4}\times170\times10^{-3} = 0.134d_e^2 \text{ (kN)}$$

（4）通过螺栓的承载力要求确定螺栓直径。

螺栓承载力应满足以下条件：

$$\begin{cases}\sqrt{\left(\dfrac{N_v}{N_v^b}\right)^2+\left(\dfrac{N_t}{N_t^b}\right)^2}\leqslant 1\\ N_v\leqslant N_c^b\end{cases}$$

则
$$\begin{cases}\sqrt{\left(\dfrac{20}{0.110d^2}\right)^2+\left(\dfrac{25}{0.134d_e^2}\right)^2}\leqslant 1 \\ 20\leqslant 5.49d\end{cases} \Rightarrow \begin{cases}d\geqslant 16.2\\ d\geqslant 3.7\end{cases}$$

（用 d 代换 d_e，计算的螺栓抗拉承载力偏大，反算的 d 偏小）

螺栓直径应大于 16 mm，查螺栓规格表，取 M18，将 $d=18$、$d_e=15.65$ mm 代入检算式：

$$\sqrt{\left(\dfrac{20}{0.110\times 18^2}\right)^2+\left(\dfrac{25}{0.134\times 15.65^2}\right)^2}=0.95<1，合格$$

另：$l_1=4\times 80=320$ mm $<15d_0=15\times 23.5=352.5$ mm（取螺栓孔径 23.5 mm），可认为螺栓均匀受剪，螺栓抗剪承载力不折减，故对前述计算不再修正。

16. 解：

分析：根据受力类型，此题螺栓群亦属拉剪联合作用，与 15 题不同之处在于此处为高强度螺栓摩擦型连接。计算方法的不同在于弯矩作用下中性轴不是最下排螺栓轴线，而是螺栓连接的形心轴。还需注意，图中螺栓连接实际是两部分，即角钢与节点板间的螺栓连接和角钢与立柱翼缘板间的螺栓连接，两部分螺栓各自独立受力，不可混淆。

（1）将外力 F 平移至角钢与立柱翼缘板间的螺栓群的中心：

$$V=240 \text{ kN}$$
$$M=Ve=240\times 200=48\,000 \text{ (kN·mm)}$$

（2）计算螺栓群中危险螺栓的内力。

在剪力 V 作用下，$l_1=3\times 100=300$ (mm) $<15d_0=15\times 23.5=352.5$ (mm)，可认为螺栓均匀受剪，螺栓抗剪承载力不折减。

$$N_v=\dfrac{V}{n}=\dfrac{240}{8}=30 \text{ (kN)}$$

在弯矩 M 作用下，螺栓连接的中性轴必定与螺栓连接的形心轴重合，且最上排螺栓受拉最大：

$$N_{t\max}=\dfrac{My_{\max}}{\sum(y_i^2)}=\dfrac{48\,000\times 150}{4\times(50^2+150^2)}=72 \text{ (kN)}$$

（3）计算单栓承载力：

$$N_v^b=0.9n_f\mu P=0.9\times 1\times 0.5\times 190=85.5 \text{ (kN)}$$

$$N_t^b=0.8P=152 \text{ (kN)}$$

（4）检算螺栓承载力。

拉剪联合作用的高强度螺栓摩擦型连接的承载力应满足以下条件：

$$\dfrac{N_v}{N_v^b}+\dfrac{N_t}{N_t^b}\leqslant 1 \Rightarrow \dfrac{30}{85.5}+\dfrac{72}{152}=0.82<1，螺栓承载力合格$$

注：上述方法只对受力最大的螺栓进行检算，相较考虑螺栓群整体协调受剪的整体承载力，是偏保守的。

17. 解：

分析：根据受力类型，此题普通螺栓群属拉剪联合作用，将外力 F 分解为水平与竖直两个方向并平移至螺栓群中心，则螺栓受竖向剪力、轴向拉力和弯矩共同作用。剪力作用下，螺栓均匀受剪；轴力和弯矩作用下需判断大小偏心类型再计算危险螺栓的拉力。最后采用拉剪联合作用下普通螺栓的承载力检算公式完成检算。

（1）将外力 F 分解并平移至螺栓群中心：

$$N = F \times \frac{4}{5} = 200 \text{ (kN)}, \quad V = F \times \frac{3}{5} = 150 \text{ (kN)}$$

$$M = Ne = 200 \times 50 = 10\,000 \text{ (kN·mm)}$$

（2）计算螺栓群中危险螺栓的内力。

在剪力 V 作用下，$l_1 = 4 \times 80 = 320 \text{ mm} < 15d_0 = 15 \times 23.5 = 352.5 \text{ mm}$，可认为螺栓均匀受剪，螺栓抗剪承载力不折减：

$$N_v = \frac{V}{n} = \frac{150}{10} = 15 \text{ (kN)}$$

普通螺栓连接在轴心拉力 N 和弯矩共同作用下，可能为大偏心或小偏心受拉状态，先假定为小偏心，则弯矩作用的中性轴与螺栓群形心轴重合。此时最上排螺栓受拉最大，最下排螺栓受拉最小，首先计算最下排螺栓的受力，以验证假定是否成立：

$$N_{t\max} = \frac{N}{n} + \frac{Ney_{\min}}{\sum y_i^2} = \frac{200}{10} + \frac{200 \times 50 \times (-160)}{4 \times (80^2 + 160^2)} = 7.5 \text{ (kN)} > 0，表明最下排螺栓受拉，与假定相符$$

故最上排螺栓受拉力最大：

$$N_{t\max} = \frac{N}{n} + \frac{Ney_{\min}}{\sum y_i^2} = \frac{200}{10} + \frac{200 \times 50 \times 160}{4 \times (80^2 + 160^2)} = 32.5 \text{ (kN)} > 0$$

（3）计算单栓承载力：

$$N_v^b = n_v \frac{\pi d^2}{4} f_v^b = 1 \times \frac{\pi \times 22^2}{4} \times 140 \times 10^{-3} = 53.2 \text{ (kN)}$$

$$N_c^b = d \sum t \cdot f_c^b = 22 \times 16 \times 305 \times 10^{-3} = 107.4 \text{ (kN)}$$

$$N_t^b = \frac{\pi d_e^2}{4} f_t^b = \frac{\pi \times 19.65^2}{4} \times 170 \times 10^{-3} = 51.6 \text{ (kN)}$$

（4）检算螺栓承载力。

普通螺栓拉剪联合作用时，应满足以下条件：

$$\begin{cases} \sqrt{\left(\dfrac{N_v}{N_v^b}\right)^2 + \left(\dfrac{N_t}{N_t^b}\right)^2} \leqslant 1 \\ N_v \leqslant N_c^b \end{cases}$$

故 $\begin{cases} \sqrt{\left(\dfrac{15}{53.2}\right)^2 + \left(\dfrac{32.5}{51.6}\right)^2} = 0.69 < 1 \\ N_v = 15 < N_c^b = 107.4 \,(\text{kN}) \end{cases}$ ，合格

18. 解：

分析：受弯的工字形截面钢梁采用高强度螺栓摩擦型连接进行拼接时，可将螺栓分为独立的两组，即翼缘拼接螺栓和腹板拼接螺栓。对翼缘拼接螺栓而言，因为构件翼缘板主要承受弯矩（保守地计算时，可认为是全部弯矩），所以拼接螺栓也就主要承受并传递该弯矩。这部分弯矩可以看成是一对力偶，是由上、下翼缘的正应力的合力（水平力）组成的，所以翼缘上的水平力就由翼缘拼接螺栓来承受、传递，可见翼缘拼接螺栓是轴心受剪的。对腹板拼接螺栓来说，因为构件腹板承受了部分弯矩和全部剪力，所以腹板拼接螺栓自然需要承受、传递这些内力。腹板的弯矩对螺栓连接来说实则是扭矩，使螺栓受剪，腹板剪力则使螺栓轴心受剪，因此腹板拼接螺栓处于轴向剪力和扭矩同时作用的受剪状态。

（1）检算翼缘拼接螺栓。

① 计算螺栓内力。

偏安全地认为翼缘承受全部弯矩，则上（下）翼缘板的水平力 H 即螺栓群的轴心剪力为

$$H = \frac{M}{h} = \frac{1\,000 \text{ kN·m}}{1\,000 \text{ mm}} = 1\,000 \,(\text{kN})$$

则单个螺栓所受剪力：

$$N_v = \frac{H}{n} = \frac{1\,000}{20} = 50 \,(\text{kN})$$

② 计算单栓抗剪承载力：

$$N_v^b = 0.9 n_f \mu P = 0.9 \times 1 \times 0.45 \times 150 = 62.8 \,(\text{kN})$$

③ 检算承载力。

螺栓群在轴心剪力的作用方向的长度：$l_1 = 4 \times 80 = 320 \text{ mm} < 15 d_0 = 15 \times 21.5 = 322.5 \text{ mm}$，可认为螺栓均匀受剪，螺栓抗剪承载力不折减。

故 $N_v = 50 \,(\text{kN}) < N_v^b = 62.8 \text{ kN}$，合格。

（2）检算腹板拼接螺栓。

① 计算螺栓内力。

梁腹板承受的弯矩在拼接处将由腹板拼接螺栓承受并传递，这些螺栓因此受扭，扭矩为

$$T = M \frac{I_w}{I} = 1\,000 \times \frac{\frac{1}{12} \times 14 \times 960^3}{\frac{1}{12} \times 400 \times 1\,000^3 - \frac{1}{12} \times 386 \times 960^3} = 212 \,(\text{kN})$$

因螺栓布置中 $y_{max} > 3 x_{max}$，故可忽略 x_i 和竖向剪力部分，则螺栓的最大剪力：

$$N_{vx}^T = \frac{T y_i}{\sum (x_i^2 + y_i^2)} = \frac{212 \times 10^3 \times 390}{4 \times (130^2 + 260^2 + 390^2)} = 87.4 \,(\text{kN})$$

梁截面的剪力 V 全由腹板承受，则在梁的拼接处，该剪力将由腹板拼接螺栓承受并传递，这些螺栓因此轴心受剪，平均剪力为

$$N_{vy}^V = \frac{V}{n} = \frac{100}{14} = 7.1 \text{ (kN)}$$

② 单栓抗剪承载力计算：

$$N_v^b = 0.9 n_f \mu P = 0.9 \times 2 \times 0.45 \times 150 = 121.5 \text{ (kN)}$$

③ 检算螺栓连接承载力。

螺栓群在轴心剪力 V 的作用方向的长度：$l_1 = 6 \times 130 = 780 \text{ (mm)} > 15 d_0 = 15 \times 21.5 = 322.5 \text{ (mm)}$，属于长连接，螺栓并非均匀受剪，应考虑螺栓抗剪承载力的折减，折减系数：

$$\eta = 1.1 - \frac{l_1}{150 d_0} = 0.856$$

因此检算单栓的最大合剪力：

$$N_v = \sqrt{\left(\frac{N_{vy}^V}{\eta}\right)^2 + (N_{vx}^T)^2} = \sqrt{\left(\frac{7.1}{0.856}\right)^2 + (87.4)^2} = 87.8 \text{ (kN)} < N_v^b = 121.5 \text{ kN}，合格$$

综上计算可得：翼缘拼接螺栓与腹板拼接螺栓承载力均满足要求。

第 4 章 轴心受力构件

4.1 本章重点内容提要

4.1.1 轴心受力构件的应用与形式

轴心受力构件分轴心受拉和轴心受压两类。轴心受力构件广泛应用于各种平面和空间桁架（包括塔架和网架）中，是组成桁架的主要承重构件。轴心受压构件还常用作支承其他结构的承重柱。此外，各种支撑系统中的构件也都是按轴心受力考虑。

实际上，纯粹的轴心受力构件是很少的，大部分轴心受力构件在不同程度上也受偏心力的作用，如网架弦杆受自重作用、塔架杆件受局部风力作用等。但只要这些偏心力作用非常小（一般认为偏心力作用产生的应力仅占总体应力的3%以下）就可以将其作为轴心受力构件。

轴心受力构件的截面有多种形式。常用的截面形式有：

（1）轧制型钢截面加工制造的工作量小，但仅适合受力较小的构件。圆钢因截面回转半径小，只宜作拉杆；钢管常在网架中用作以球节点相连的杆件，也可用作桁架杆件，不论是用作拉杆或压杆，都具有较大优越性，但其价格较其他型钢略高；单角钢截面两主轴与角钢边不平行，如用角钢边与其他构件相连，不易做到轴心受力，因而常用于作次要构件或受力不大的拉杆；轧制普通工字钢因两主轴方向的惯性矩相差较大，对其较难做到等刚度，除非沿其强轴 x 方向设置中间侧向支点。热轧 H 型钢由于翼缘宽度较大，且为等厚度，常用作柱截面，可节省制造工作量。热轧部分 T 型钢用作桁架的弦杆，可节省连接用的节点板。

（2）利用型钢或钢板焊接而成的实腹式组合截面，其形状和尺寸几乎不受限制，可以根据构件的受力性质和力的大小选用合适的截面，适用于受力较大的构件；但费工费时，成本高。

（3）利用轧制型钢由缀件相连而成的格构式组合截面，其缀件包括缀条和缀板两种，因它不是连续的，故又称为空腹式组合截面。适用于受力小、构件长、刚度起绝对控制的构件。它可方便地调整分肢间距，在增加钢材（缀材）很少的情况下，显著提高截面的惯性矩，从而显著提高构件的刚度。

构件设计选型时要注意把握这几点原则：① 形式应力求简单，以减少制造工作量；② 截面宜具有对称轴，使构件有良好的工作性能；③ 便于与其他构件连接；④ 在同样截面面积下应使具有较大的惯性矩，亦即构件的材料宜向截面四周扩展，从而减小构件的长细比；⑤ 尽可能使构件在截面两个主轴方向为等稳定，即 $\lambda_x \approx \lambda_y$。

4.1.2 轴心受力构件的破坏形式与计算内容

拉杆的破坏主要是钢材屈服或拉断，两者都属于强度破坏。压杆的破坏则主要是由于构件失去整体稳定性（或称屈曲）或组成压杆的板件局部失去稳定性，当构件上有螺栓孔等使

第 4 章 轴心受力构件

截面有较多削弱时,也可能因强度不足而破坏。因此,对压杆通常要计算构件的整体稳定性、组成板件的局部稳定性和截面强度三项,而对拉杆只计算强度。这些计算都属于承载能力极限状态内容,计算时应采用荷载的设计值。

轴心受力构件的伸长或压缩应变一般在1‰左右,其值甚小,不会影响到构件的正常使用。因此,轴心受力构件的正常使用极限状态计算并不要求验算其轴向变形。但如果构件过分细长,则在制造、运输和安装时很易弯曲变形;在构件不是处于竖向位置时,其自重也常可使构件产生较大的挠度;对承受动力荷载的构件还将产生较大的振幅。对压杆而言,构件过分细长将降低构件的整体稳定性。因此轴心受力构件的正常使用极限状态是保证长细比 λ 在容许值范围内,即刚度条件:

$$\lambda = \frac{l_0}{i} \leqslant [\lambda] \tag{4.1}$$

式中,l_0 为构件的计算长度或称有效长度;i 为构件截面的回转半径,$i = \sqrt{I/A}$(I 为构件毛截面的惯性矩,A 为构件截面的面积);$[\lambda]$ 为设计规范中按拉杆或压杆及构件的重要性分别规定的容许长细比。

4.1.3 轴心受力构件的强度计算

在轴心受拉构件的计算中,由于荷载通过截面的形心,因而截面上的应力可认为是均匀分布的。但在实际情况中,构件有初弯曲、荷载有初偏心,以及截面上可能存在残余应力等,这些称为初始缺陷。构件有了初始缺陷,截面上的应力将不是均匀分布的。初弯曲和初偏心将使轴心受力构件事实上成为拉-弯构件,但由于初弯曲和初偏心对轴心受拉构件强度产生的影响较小,常常不是主要的,而残余力对构件的强度当进入全塑性状态后理论上也就没有影响,所以进行强度计算时假定截面上的应力是均布的。

用螺栓连接的轴心受拉构件有两种控制截面:一个是有螺栓孔的净截面,另一个是无螺栓孔的毛截面。当净截面上的平均应力达到屈服点 f_y,并不会导致构件破坏,而只是当净截面上的平均应力达到钢材的抗拉强度 f_u 时,才会使构件在净截面处断裂。对毛截面而言,则当其平均应力达到钢材的屈服点时,整个构件将产生较大的伸长变形导致构件不适合继续承载。

综合考虑上述两种情况,轴心受力构件的强度计算统一采用下式:

$$\sigma = \frac{N}{A_n} \leqslant f \tag{4.2}$$

式中,N 是构件所承受的轴心拉力设计值;A_n 是构件的净截面面积,当截面无削弱时,其值与毛截面面积 A 相等。

对于高强度螺栓摩擦型连接中的构件的强度,由于计算截面(最外列螺栓处)处螺栓一半的受力已通过摩擦力传走(即孔前传力),截面上的内力已比 N 小,故应按下式计算:

$$\sigma = \left(1 - 0.5 \cdot \frac{n_1}{n}\right) \frac{N}{A_n} \leqslant f$$

式中,n 为承受 N 力的高强度螺栓数目;n_1 为计算截面上(最外列螺栓处)的高强度螺栓数目。

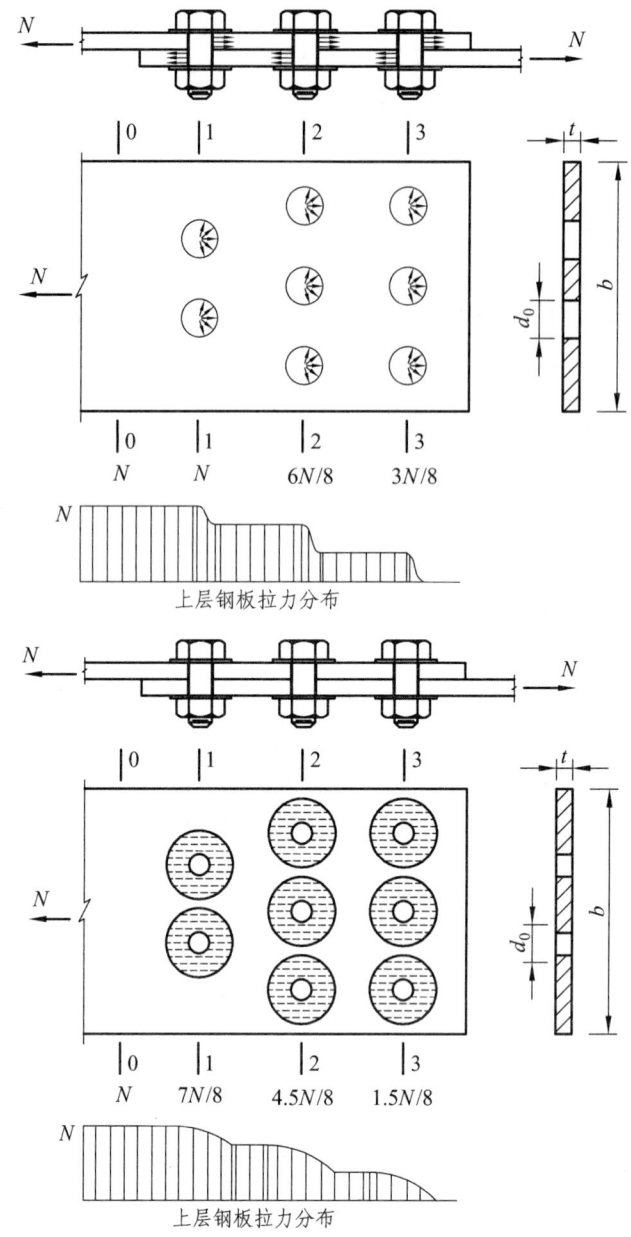

图 4.1 螺栓连接的构件受力图

另外：我国设计规范中对单面连接的单角钢受拉构件当按轴心受拉计算其强度时，规定钢材的强度设计值 f 应乘以折减系数 0.85。这是因为考虑到用节点板与角钢单面连接时，由节点板传来的力 N 使角钢构件双向偏心受拉，根据实验，其极限承载能力为轴心拉杆极限承载力的 80%～85%。

4.1.4 轴心受拉构件的截面设计

轴心受拉构件的截面设计要考虑强度和刚度两方面。

从强度入手：

需要的截面面积：$A_n \geqslant \dfrac{N}{f}$

当为焊接结构时：$A_n = A$

当为螺栓连接时：$A_n = (0.80 \sim 0.90)A$

从刚度入手：

需要的截面回转半径为 $i_x \geqslant \dfrac{l_{ox}}{[\lambda]}$，$i_y \geqslant \dfrac{l_{oy}}{[\lambda]}$

根据需要的截面面积 A 和回转半径 i_x 和 i_y，即可由型钢表上选取采用的截面尺寸，然后再检算强度和刚度。

4.1.5 实腹式轴心受压构件的整体稳定

1. 关于稳定问题的概述

稳定问题分为两类：第一类稳定问题（具有平衡分岔的稳定问题，也叫分支点失稳）和第二类稳定问题（无平衡分岔的稳定问题，也叫极值点失稳）。

根据压杆失稳时的失稳变形进行分类，则有：弯曲失稳、扭转失稳和弯扭失稳。

弯曲失稳：杆轴线由直线变为曲线，这时杆的任一截面均绕一个主轴回转。

扭转失稳：不受约束的截面均绕杆轴线扭转。

弯扭失稳：在产生弯曲变形的同时伴有扭转变形。

压杆发生哪种失稳形式主要取决于截面的形式和尺寸、杆的长度和杆端的约束条件。

压杆的稳定计算是以弯曲失稳为基础分析建立的，其他失稳形式对应的稳定计算处则常通过引入相关的影响参数仍用弯曲失稳的公式进行计算。

2. 理想压杆的稳定承载力

理想压杆是指受轴心力作用的两端铰接的等直压杆。

（1）欧拉公式。

欧拉采用了下列基本假定：

① 杆件为两端铰接的理想直杆；
② 材料为理想的弹塑性体；
③ 轴心压力作用于杆件两端，杆件发生弯曲时，轴心压力的方向不变；
④ 临界状态时，变形很小，可忽略杆件长度的变化；
⑤ 临界状态时，杆件轴线挠曲成正弦半波曲线，截面保持平面。

根据压杆微弯状态的平衡方程，求解得出欧拉临界力计算公式：

$$N_{cr} = \dfrac{\pi^2 EI}{l^2} \cdot \dfrac{1}{1 + \dfrac{\pi^2 EI}{l^2}\gamma_1}$$

γ_1 是单位剪力作用下的剪切角，对实腹式构件，其值很小，它对 N_{cr} 的影响不超过 5/1 000，略去不计。则

$$N_{cr} = \frac{\pi^2 EI}{l^2}$$

相应的临界应力为

$$\sigma_{cr} = \frac{N_{cr}}{A} = \frac{\pi^2 E}{\lambda^2}$$

由此公式可知：构件越细长（长细比 λ 越大），失稳的临界应力越低，即构件越容易失稳。此公式对细长柱的计算结果与实测结果吻合较好。

（2）改进的欧拉公式——切线模量理论。

当欧拉公式计算临界应力 $\sigma_{cr} \leq f_p$（比例极限）时，欧拉假定中的线弹性假定才成立，其计算结果才接近实际情况。所以当构件较为粗短时，失稳时的临界应力较高，即可能 $\sigma_{cr} > f_p$，杆件进入弹塑性阶段，此时仍可采用欧拉公式的形式进行计算，但应将弹塑性阶段的切线模量 E_t 代替欧拉公式中的弹性模量 E，即

$$\sigma_{cr} = \frac{\pi^2 E_t}{\lambda^2}$$

当 $\lambda < \lambda_p (\lambda_p = \pi\sqrt{E/f_p})$ 时，构件称为粗短柱，此时构件的失稳属于弹性屈曲，采用欧拉公式计算较符合实际情况；当 $\lambda > \lambda_p$ 时，构件称为细长柱，此时构件的失稳属于弹塑性屈曲，采用改进的欧拉公式计算才较符合实际情况。由此得出临界应力和长细比的双曲线关系见图 4.2。

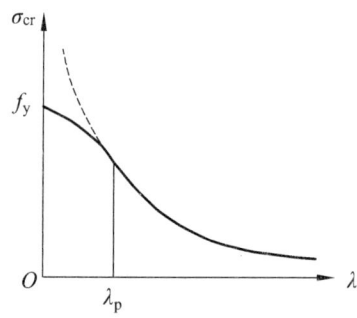

图 4.2　柱子曲线

3. 工程压杆的整体稳定

理想压杆并不存在，实际结构中的压杆总会出现如初弯曲、初偏心、残余应力等缺陷，另外构件端部的约束条件也不会都是铰接，这些因素都会不同程度地影响压杆的稳定承载力。

（1）初弯曲和初偏心。

有初弯曲和初偏心的构件实质上是压弯构件，构件截面上一定会产生附加弯矩，有附加弯矩的存在一定会降低轴心力的承载能力。

（2）残余应力。

不均匀的残余应力与荷载产生的应力叠加后仍为不均匀应力分布，在荷载增加过程中，

截面残余压应力较大的区域必然先进入塑性状态，而截面其余部分仍处于弹性状态。当轴心受压构件达到稳定临界状态时，截面被分为塑性区和弹性区，塑性区的弹性模量 $E_p = 0$。因此，有残余应力存在的构件的临界力为

$$N_{cr1} = \pi^2 (EI)_1 / l^2 = \pi^2 (EI_e + E_p I_p) / l^2 = \pi^2 EI_e / l^2$$

而无残余应力的构件的临界力为

$$N_{cr2} = \pi^2 (EI)_2 / l^2 = \pi^2 EI / l^2$$

$$\frac{N_{cr1}}{N_{cr2}} = \frac{\pi^2 EI_e / l^2}{\pi^2 EI / l^2} = \frac{I_e}{I}$$

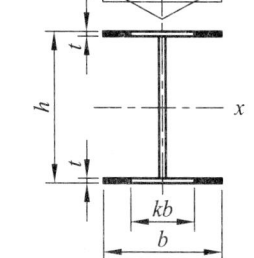

由于轴心受压构件绕其两形心主轴（x 轴和 y 轴）发生弯曲屈曲时的临界力不同，故分别讨论：

绕 x 轴：$\quad \dfrac{N_{cr1,x}}{N_{cr2,x}} = \dfrac{I_{e,x}}{I_x} \approx \dfrac{2(kb)t(h/2)^2}{2bt(h/2)^2} = k$

绕 y 轴：$\quad \dfrac{N_{cr1,y}}{N_{cr2,y}} = \dfrac{I_{e,y}}{I_y} \approx \dfrac{t(kb)^3/12}{tb^3/12} = k^3$

因为 $k < 1.0$，所以 $k^3 < k < 1.0$。由此可见：残余应力不仅会降低钢压杆的稳定承载力，而且绕不同轴其稳定承载力降低的程度不同，对弱轴稳定承载力的降低远大于对强轴的。

由以上分析，现行钢结构设计规范对轴心受压构件临界力的计算，考虑了杆长 1/1000 的初挠度，并计入残余应力的影响。

整体稳定的实用计算公式如下：

$$\sigma = \frac{N}{A} \leqslant \frac{\sigma_{cr}}{\gamma_R} = \left(\frac{\sigma_{cr}}{f_y}\right) \cdot \left(\frac{f_y}{\gamma_R}\right) = \varphi \cdot f$$

式中，A 为构件的毛截面面积（因为稳定反映的是构件整体的性能，而不是某个截面的，故即使构件局部有截面的削弱，但它对构件整体性能的影响是很小的，所以凡计算稳定问题截面面积均采用毛截面面积）。

整体稳定的计算公式形式上与材料力学中强度的验算公式相似，但有着本质的区别：

（1）强度问题研究的是构件的一个最不利点的应力或一个最不利截面的极限值，它与材料的强度极限、截面大小有关；而稳定问题研究构件或结构受荷载变形后平衡状态的属性及相应的临界荷载，它与构件或结构的变形有关，即与构件或结构的整体刚度有关。

（2）从材料性能来看，在弹性阶段，构件或结构的整体刚度仅与材料的弹性模量 E 有关，而各种不同强度的钢材其弹性模量 E 是相同的，因此采用高强度钢材只能提高其强度承载力，不能提高其弹性阶段的承载力。

（3）强度问题是采用线性分析方法，即在构件或结构原有位置上建立平衡方程来求解其内力。而稳定问题采用非线性分析方法，即在结构或构件受荷载变形后的位置上建立平衡方程求解其荷载。

（4）在弹性阶段，强度问题由于采用线性分析方法，可应用叠加原理；而对稳定问题，由于采用非线性的方法，因此不能采用叠加原理。

$\varphi = \sigma_{cr}/f_y$ 为轴心受压构件的稳定系数。它与长细比 λ、截面形式、加工条件、验算稳定所绕的轴及钢号有关。反映 φ-λ 关系的曲线称为柱子曲线，由柱子曲线就可根据计算构件的长细比 λ 来确定该构件整体稳定计算时采用的 φ 值。

我国根据大量的分析计算和部分试验得出了四类柱子曲线，即 a、b、c、d 四类。这四类柱子曲线是从不同截面形式、不同尺寸、不同加工条件和相应的残余应力，并且考虑了 1/1 000 杆长的初弯曲等多种情况下的很多根柱子曲线中归纳出来的。其中，a 类曲线表示的是残余应力分布及大小，对稳定影响最小的情况；而 d 类表示的是板厚超过 40 mm 的厚板存在严重残余应力的情况；b 类和 c 类介于这两者之间。

对于单轴对称截面绕对称轴屈曲时的整体稳定校核，应采用换算长细比求相应的稳定系数。

提高构件稳定承载力的措施主要有：增加截面惯性矩、减小构件支撑间距、增加支座对构件的约束程度。总之，减少构件变形的措施均是提高构件稳定承载力的措施。

4.1.6 实腹式轴心受压构件的局部稳定

1. 局部稳定的概念

提高轴心受压构件整体稳定承载力的措施之一是尽可能采用宽展的截面以增大截面的惯性矩。但采用较薄的钢板组成的构件受均匀压应力，也存在稳定问题。板件越薄越宽时越容易失稳，当其临界应力低于整体失稳的临界应力时，组成构件的板件失稳将发生在整体失稳之前，这种现象称为局部失稳。

板件局部失稳并不一定导致整个构件丧失承载能力，但由于失稳板件退出工作，将使能抵抗变形的截面面积减小，同时还可能使原本对称的截面变得不对称，会加速构件整体破坏。

2. 板件失稳的临界应力的计算

根据不同位置板件的边界条件，采用弹性力学的方法求解其临界应力。以焊接工字形组合截面构件为例，板的边界条件可以分成两类：

翼缘有一边自由边（悬空边），两端边与其他构件相连，从连接的实际支承来看，属于弹性嵌固中近似于简支的情况，可偏于安全的按简支边考虑；还有一边与腹板连接，由于腹板较薄，约束翼缘板绕该边转动的能力较弱，可按简支边考虑。因此，翼缘板按三边简支一边自由来建立边界条件。而腹板则可按四边简支考虑。

取一板件，根据弹性理论，建立弹性失稳时的平衡微分方程，求解得板件弹性失稳时的临界应力：

$$\sigma_{cr} = \chi k \frac{\pi^2 E}{12(1-\nu^2)} \left(\frac{t}{b}\right)^2$$

式中　χ——考虑组成构件的板件间实际上有一定的弹性嵌固作用，从而临界应力比简支的情况要高的提高系数；

　　　k——板件的屈曲系数，与荷载种类、荷载分布情况及板件的边长比例有关；

　　　E——钢材的弹性模量；

　　　ν——钢材的泊松比；

t——板件的厚度；

b——板件受载边的边长（受剪时为板件短边边长）。

对于中等长细比的构件多发生弹塑性屈曲，此时，板件在受力方向的变形是非线性的，可用切线模量 $E_t = \eta E$ 表示其应力-应变的变化规律。但在垂直于受力方向则仍为线弹性，这时的板为正交异性板，其屈曲应力：

$$\sigma_{cr} = \chi k \frac{\sqrt{\eta}\pi^2 E}{12(1-v^2)}\left(\frac{t}{b}\right)^2$$

由此公式可看出：板件局部失稳时的临界应力与边界约束情况有关，与 k（与板件的两边长比 a/b 相关）有关，还与板件的厚宽比有关，且影响较大。t/b 越大，其临界应力越大；反之，临界应力越小。所以当板件的宽厚比 b/t 小到一定程度时，临界应力大到一定程度，比如大于或等于材料的强度，又或者大于或等于整体失稳时的临界应力，则构件不会发生局部失稳。因此保证板件的局部稳定就可以通过限制板件的宽厚比来实现。

对工字形截面的腹板，属于四边简支板，达到临界状态时，沿横向出现一个正弦半波，而在纵向随板长的增加可能出现多个正弦半波，其屈曲系数为：$k = \left(\frac{mb}{a} + \frac{a}{mb}\right)^2$，$m$ 表示沿板纵向出现的正弦半波数。

板的屈曲系数 k 与板的边长比 a/b 和局部失稳时出现的正弦半波数 m 有关，但实际工程中一般偏安全地取 $k = k_{min} = 4$。

考虑到四边均有一定的弹性嵌固作用，χ 取 1.3。

$$\sigma_{cr} = 1.3 \times 4 \times \frac{\sqrt{\eta}\pi^2 E}{12(1-v^2)}\left(\frac{t}{b}\right)^2$$

对工字形截面的翼缘板，属于三边简支一边自由板，其屈曲系数为：$k = 0.425 + \left(\frac{b_1}{a}\right)^2$，由于一般 a 是构件的长度，远远大于翼缘板宽度的一半 b_1，所以偏安全地取 $k = 0.425$。另外，翼缘板有一边虽然与腹板相连，但由于腹板在它的平面外的刚度小，故不考虑其对翼缘板边的弹性嵌固作用，即取 $\chi = 1$。

$$\sigma_{cr} = 0.425 \times \frac{\sqrt{\eta}\pi^2 E}{12(1-v^2)}\left(\frac{t}{b}\right)^2$$

3. 构件局部稳定的验算方法及板件宽厚比限值

（1）实际应用中，采用验算板件宽厚比的方法来保证构件的局部稳定。

（2）宽厚比验算。

宽厚比确定的原则有：① 板件局部的临界应力不低于构件整体失稳的临界应力；② 板件局部失稳的临界应力足够大（接近钢材的屈服强度）。

我国规范主要采用第一种原则，并对粗短柱按第二种原则进行适当修正后规定：

工字形、H 形截面轴心受压构件的宽厚比限值为翼缘：$\dfrac{b_1}{t} \leqslant (10+0.1\lambda)\sqrt{\dfrac{235}{f_y}}$

腹板：$\dfrac{h_0}{t_w} \leqslant (25+0.5\lambda)\sqrt{\dfrac{235}{f_y}}$

式中　b_1——翼缘板自由外伸宽度；

λ——构件两主轴方向长细比的较大值（当$\lambda<30$时，取$\lambda=30$；当$\lambda>100$时，取$\lambda=100$）。

箱形截面轴心受压构件的腹板和两腹板之间的翼缘板的宽厚比限值为

$$\dfrac{h_0}{t_w}\left(或\dfrac{b_0}{t}\right) \leqslant 40\sqrt{\dfrac{235}{f_y}}$$

（3）宽大截面腹板局部失稳的处理方法。

① 增加腹板厚度，但此方法不经济；

② 设置加劲肋，能有效限制局部的变形发生，即能有效提高局部稳定性，同时所增加的用钢量不大；

③ 任其腹板局部失稳须按有效截面重新计算构件的强度和整体稳定，若重新检算强度和整体稳定都满足要求，则腹板的局部失稳对构件的强度和整体稳定承载能力的影响有限，可不用采取什么措施。

另：对于轧制型钢构件，由于翼缘、腹板较厚，且相连处都圆角过渡，一般都能满足局部稳定要求，无需进行局部稳定的验算。

4.1.7 实腹式轴心受压构件的截面设计

1. 设计原则

（1）截面尽量宽展即肢宽壁薄　宽展的截面形式及尺寸可以获得较大的截面惯性矩，从而提高构件的刚度和稳定承载力。因此，在满足局部稳定的前提下应使截面面积尽量远离截面形心。

（2）等稳定性　构件两主轴方向等稳定会使构件失稳时两主轴方向的稳定承载力充分发挥出来，从而避免某个方向失稳时另一个方向稳定承载力远未发挥出来，造成浪费的情况。要做到等稳定则要求$\varphi_x=\varphi_y$，如果构件在两主轴方向的计算长度l_{0x}和l_{0y}相同，而绕两主轴弯曲屈曲时对应的截面类型也相同的话，则截面应尽可能做到$I_x=I_y$。

图 4.3　压杆加劲肋

（3）构造简单可减少加工量，节省成本。

2. 选择截面尺寸

实腹式轴心受压构件的截面形式有型钢和组合截面两种类型。由于轴心受压构件一般都是由稳定承载力控制截面设计，故设计时应从稳定入手。

（1）对于型钢截面设计，按图4.4流程完成。

（2）对于组合截面，按图4.5流程完成。

α_1和α_2为截面回转半径与外轮廓尺寸的近似关系系数，可查表。

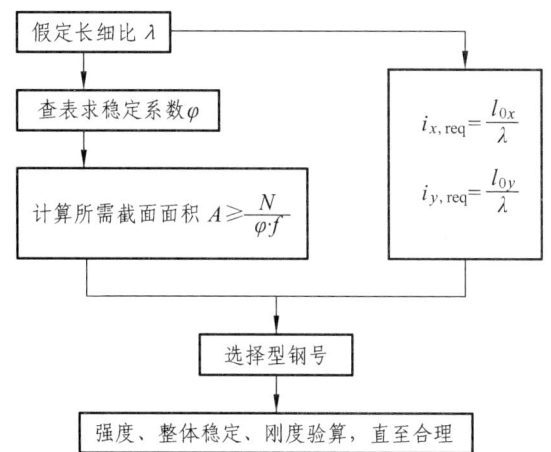

图 4.4　型钢截面压杆截面设计流程图

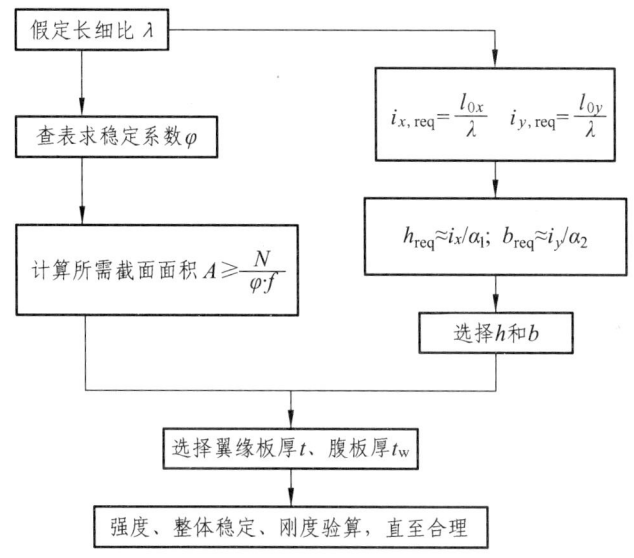

图 4.5　组合截面压杆截面设计流程图

在拟定翼缘板厚和腹板厚时为增加截面惯性矩，应使 $t>t_w$，$t_w=(0.4\sim0.7)t$。

从上面的设计流程中可以发现：当长细比 λ 假定过大时，计算所需截面面积过大；另外，外轮廓尺寸过小，宽厚比验算时实际宽厚比远小于宽厚比限值。反过来，宽厚比验算时实际宽厚比远小于宽厚比限值，说明长细比假定得过大，应改小后重新设计，否则不经济。当长细比 λ 假定的过小时，计算所需截面面积过小，另一方向，外轮廓尺寸过大，宽厚比验算通不过，不安全；反过来讲，宽厚比验算通不过时，应改大长细比并重新设计。

4.1.8　格构式轴心受压构件

1. 格构式轴心受压构件的组成

当轴心受压构件的长度较大，所受荷载较小时，宜采用格构式构件。所谓格构式构件，是指将分肢用缀材连成一体的一种构件。这种构件的截面材料集中于分肢，离截面形心较远，与实腹式构件相比，在用料相同的情况下可显著增大截面惯性矩，从而提高构件的刚度和整体稳定性。此外，由于它可调整分肢间距，因此易使构件满足两主轴方向等稳定的要求。

格构式构件的分肢是主要承重部分，而缀材（分为缀条和缀板）主要起到连接分肢形成整体的作用。构件截面上，与分肢腹板垂直的轴线称为实轴（如图中的 y 轴）；与缀材平面垂直的轴线称为虚轴（如图中的 x 轴）。

2. 格构式轴心受压构件的整体稳定性

（1）绕实轴（y 轴）的整体稳定。

整体稳定承载力的计算同实腹式构件完全相同。

（2）绕虚轴（x 轴）的整体稳定。

轴心受压构件整体弯曲后，构件截面将产生弯矩和剪力，对实腹式轴心受压构件由于抗剪刚度大，剪力产生的剪切变形很小，对整体稳定承载力的影响小从而忽略不计。但对于格构式构件绕虚轴发生弯曲失稳时，所产生的剪力由缀材承担，缀材抵抗剪切变形的能力小，剪力产生的剪切变形大，对整体稳定承载力的不利影响必须予以考虑。

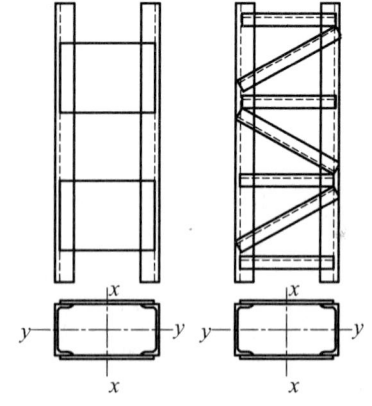

图 4.6 格构式构件组成

考虑剪切变形不利影响的欧拉公式为

$$N_{cr} = \frac{\pi^2 EI}{l^2} \cdot \frac{1}{1 + \frac{\pi^2 EI}{l^2}\gamma_1}$$

令

$$\mu = \sqrt{1 + \frac{\pi^2 EI}{l^2}\gamma_1}$$

则

$$N_{cr} = \frac{\pi^2 EI}{(\mu l)^2}$$

与不考虑剪切变形影响的实腹式轴心受压构件的整体稳定计算不同点仅在于这里用换算长度 μl 代替计算长度 l。由此换算长度 μl 计算的长细比（$\lambda_0 = \mu l / i = \mu \lambda$）称为换算长细比。

3. 分肢的稳定性

格构式轴心受压构件相邻两缀材之间的分肢是一个单独的实腹式轴心受压构件。和实腹式轴心受压构件中局部失稳不先于构件的整体失稳一样，分肢失稳应不先于构件整体失稳。所以《规范》有这样的规定：①对缀条柱，分肢长细比 λ_1 不大于整个构件最大长细比 λ_{max}（λ_y 和 λ_{0x} 中的较大者）的 0.7 倍；②对缀板柱，分肢长细比 $\lambda_1 \leqslant 40$，也不大于整个构件最大长细比 λ_{max} 的 0.5 倍（当 $\lambda_{max} < 50$ 时取 $\lambda_{max} = 50$）。当满足上述条件时，分肢失稳不先于整体失稳，无需进行分肢稳定性验算。

4. 缀材计算

（1）剪力的计算。

轴心受压构件屈曲时，轴力在屈曲后的构件横截面上有分力（即横向剪力），如图 4.7 所示，此剪力由缀材承受。

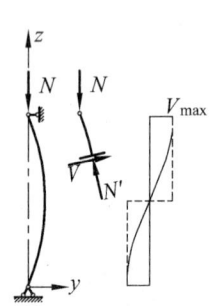

图 4.7 格构式构件横截面剪力

在两铰接端点处剪力最大：

$$V_{\max} = \frac{Af}{85}\sqrt{\frac{f_y}{235}}$$

为统一尺寸、方便施工，常采用最大剪力设计所有缀材。

（2）缀材的计算。

① 缀条计算。

缀条平面桁架受剪力作用，根据截面法求解斜缀条所受的轴心拉或压力，即

$$N_1 = V_1 / \cos\alpha = \frac{V_{\max}}{2\cos\alpha}$$

由于构件达到临界状态时斜缀条可能轴心受拉，也可能轴心受压，设计时应按轴心受压构件。水平缀条不受力，其作用主要是减小分肢在缀条平面的计算长度，以提高分肢的稳定性。

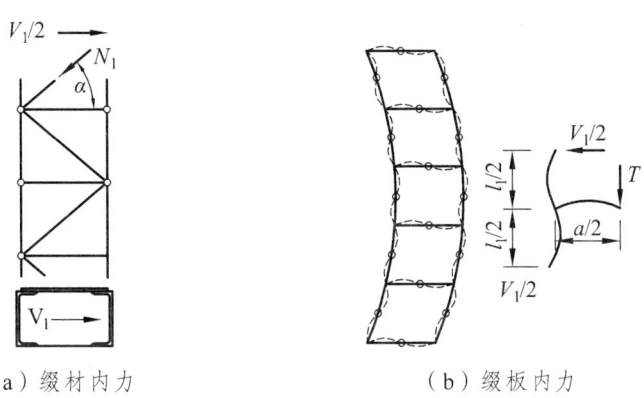

（a）缀材内力　　　　　　（b）缀板内力

图 4.8　缀材内力计算

② 缀板计算。

分肢与缀板一起形成一个多层平面刚架，假定反弯点在各缀板间分肢的中点和缀板的中点，由于该处弯矩为 0，只承受剪力，如图 4.8（b）所示。根据力的平衡条件，可得缀板的内力为

剪力：　　　　　　　　　$T = V_1 l_1 / a$

弯矩（和分肢连接处）：　$M = Ta/2 = V_1 l_1 / 2$

式中　l_1——相邻两缀板轴线间的距离；

　　　a——两分肢轴线间的距离。

用 T 和 M 对缀板进行强度计算，通常 T 和 M 不大，缀板尺寸按构造要求控制。

5. 格构式轴心受压构件的设计步骤

与实腹式压杆一样，格构式压杆截面设计仍从整体稳定承载力入手，不同的是格构式压杆从绕实轴的整体稳定承载力要求进行分肢截面的设计，再按等稳定原则确定分肢间距。详细流程见图 4.9。

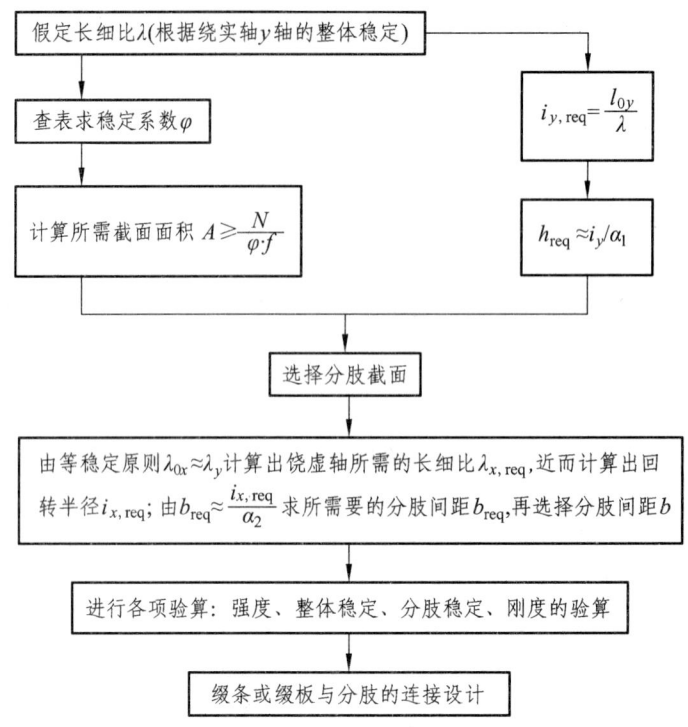

图 4.9 格构式轴心受压构件截面设计流程图

4.2 习 题

4.2.1 填空题

1. 轴心受拉构件是以_____为承载力极限状态的。
2. 轴心受拉构件的刚度条件是_____。
3. 轴心受压构件整体失稳的形式有_____、_____、_____，长细比较小的十字形截面压杆_____刚度较小，易发生_____失稳。
4. 实腹式轴心压杆设计时应满足_____、_____、_____方面要求。
5. 理想压杆的弹性屈曲的临界应力可用公式_____计算。
6. 反映压杆稳定承载力与长细比的关系的曲线称为_____曲线。
7. 轴心受压构件的初始缺陷主要有_____、_____和_____。
8. 在计算构件的局部稳定时，工字形截面的轴压构件腹板可以看成_____矩形板，其翼缘的外伸部分可以看成是_____矩形板。
9. 使格构式轴心受压构件满足承载力极限状态，除要求保证强度、整体稳定外，还必须保证_____。
10. 实腹式工字形截面轴心受压柱翼缘的宽厚比限值，是根据翼缘板的临界应力等于_____导出的。
11. 如果轴心受压工字形截面柱经计算腹板局部稳定不满足时，除了可以加厚腹板来增加腹板的局部稳定，还可以考虑采用_____或者_____。

12. 当临界应力 σ_{cr} 小于_____时，轴心受压杆属于弹性屈曲问题。

13. 因为残余应力减小了构件的_____，从而降低了轴心受压构件的整体稳定承载力。

14. 格构式轴心压杆中，绕虚轴的整体稳定应考虑_____的影响，以 λ_{0x} 代替 λ_x 进行计算。

15. 双肢格构柱截面的主轴分为_____和_____两种。

16. 钢结构设计规范在制定压杆整体稳定系数 φ 时，主要考虑了_____、_____两种降低其整体稳定承载能力的初始缺陷。

17. 当工字形截面轴心受压柱的腹板高厚比 $\dfrac{h_0}{t_w} > (25+0.5\lambda)\sqrt{\dfrac{235}{f_y}}$ 时，柱可能_____。

18. 焊接工字形截面轴心受压柱保证腹板局部稳定的限值是：$\dfrac{h_0}{t_w} \leqslant (25+0.5\lambda)\sqrt{\dfrac{235}{f_y}}$，某柱 $\lambda_x = 57, \lambda_y = 62$，应把 $\lambda =$ _____代入上式计算。

19. 格构式轴心受压构件的_____设计中，需要先求出截面横向剪力，此剪力采用的计算公式是_____。

20. 双肢缀条格构式压杆绕虚轴的换算长细比：$\lambda_{0x} = \sqrt{\lambda_x^2 + 27\dfrac{A}{A_1}}$，其中 A_1 是_____ _____。

21. 对缀条式格构轴心受压构件，为了确保单肢不先于整体失稳破坏，应取_____ _____。

4.2.2 选择题

1. 一根截面面积为 A，净截面面积为 A_n 的构件，在拉力 N 作用下的强度计算公式为（　　）。
   A. $\sigma = N/A_n \leqslant f_y$
   B. $\sigma = N/A \leqslant f_y$
   C. $\sigma = N/A_n \leqslant f$
   D. $\sigma = N/A \leqslant f_y$

2. 实腹式轴心受拉构件计算的内容有（　　）。
   A. 强度
   B. 强度和整体稳定性
   C. 强度、局部稳定和整体稳定
   D. 强度、刚度（长细比）

3. 工字形轴心受压构件，翼缘的局部稳定条件为 $\dfrac{b_1}{t} \leqslant (10+0.1\lambda)\sqrt{\dfrac{235}{f_y}}$，其中 λ 的含义为（　　）。
   A. 构件最大长细比，且不小于 30、不大于 100
   B. 构件最小长细比
   C. 最大长细比与最小长细比的平均值
   D. 30 或 100

4. 轴心压杆整体稳定公式 $\dfrac{N}{\varphi A} \leqslant f$ 的意义为（　　）。
   A. 截面平均应力不超过材料的强度设计值
   B. 截面最大应力不超过材料的强度设计值
   C. 截面平均应力不超过构件的欧拉临界应力值

D. 构件轴心压力设计值不超过构件稳定极限承载力设计值

5. 用 Q235 钢和 Q345 钢分别制造一轴心受压柱，其截面和长细比相同，在弹性范围内屈曲时，前者的临界力（   ）后者的临界力。

  A. 大于   B. 小于   C. 等于或接近   D. 无法比较

6. 轴心受压格构式构件在验算其绕虚轴的整体稳定时采用换算长细比，这是因为（   ）。

  A. 格构构件的整体稳定承载力高于同截面的实腹构件

  B. 考虑强度降低的影响

  C. 考虑剪切变形的影响

  D. 考虑单支失稳对构件承载力的影响

7. 为防止钢构件中的板件失稳采取加劲措施，这一做法是为了（   ）。

  A. 改变板件的宽厚比   B. 增大截面面积

  C. 改变截面上的应力分布状态   D. 增加截面的惯性矩

8. 为提高轴心压杆的整体稳定，在杆件截面面积不变的情况下，杆件截面的形式应使其面积分布（   ）。

  A. 尽可能集中于截面的形心处   B. 尽可能远离形心

  C. 任意分布，无影响   D. 尽可能集中于截面的剪切中心

9. 计算格构式压杆对虚轴 x 轴的整体稳定性时，其稳定系数应根据（   ）查表确定。

  A. λ_x B. λ_{0x} C. λ_y D. λ_{0y}

10. 实腹式轴压杆绕 x、y 轴的长细比分别为 λ_x、λ_y，对应的稳定系数分别为 φ_x、φ_y，若 $\lambda_x = \lambda_y$，则 φ_x（   ）φ_y。

  A. 大于   B. 等于

  C. 小于   D. 需要根据稳定性分类判别

11. 双肢格构式轴心受压柱，实轴为 x—x 轴，虚轴为 y—y 轴，应根据（   ）确定肢件间距离。

  A. $\lambda_x = \lambda_y$ B. $\lambda_{0y} = \lambda_x$ C. $\lambda_{0y} = \lambda_y$ D. 强度条件

12. 当缀条采用单角钢时，按轴心压杆验算其承载能力，但必须将设计强度按规范规定乘以折减系数，原因是（   ）。

  A. 格构式柱所给的剪力值是近似的   B. 缀条很重要，应提高其安全程度

  C. 缀条破坏将引起绕虚轴的整体失稳   D. 单角钢缀条实际为偏心受压构件

13. 轴心受压杆的强度与稳定，应分别满足（   ）。

  A. $\sigma = \dfrac{N}{A_n} \leq f,\ \sigma = \dfrac{N}{A_n} \leq \varphi \cdot f$ B. $\sigma = \dfrac{N}{A_n} \leq f,\ \sigma = \dfrac{N}{A} \leq \varphi \cdot f$

  C. $\sigma = \dfrac{N}{A} \leq f,\ \sigma = \dfrac{N}{A_n} \leq \varphi \cdot f$ D. $\sigma = \dfrac{N}{A} \leq f,\ \sigma = \dfrac{N}{A} \leq \varphi \cdot f$

14. 普通轴心受压钢构件的承载力经常取决于（   ）。

  A. 扭转屈曲   B. 强度   C. 弯曲屈曲   D. 弯扭屈曲

15. 实腹式轴心受压构件应进行（   ）。

  A. 强度计算

  B. 强度、整体稳定、局部稳定和长细比计算

C. 强度、整体稳定和长细比计算
D. 强度和长细比计算

16. 轴心受压构件的稳定系数 φ 是按何种条件分类的？（   ）
    A. 截面形式   B. 焊接与轧制不同加工方法
    C. 构件长细比   D. 截面板件宽厚比

17. 工字型组合截面压杆局部稳定验算时，翼缘与腹板宽厚比限值是根据（   ）导出的。
    A. $\sigma_{cr局} < \sigma_{cr整}$ B. $\sigma_{cr局} \geqslant f_y$
    C. $\sigma_{cr局} \leqslant \sigma_{cr整}$ D. $\sigma_{cr局} \geqslant \sigma_{cr整}$

18. 在下列因素中，（   ）对压杆的弹性屈曲承载力影响不大。
    A. 压杆的残余应力分布   B. 构件的初始几何形状偏差
    C. 材料的屈服点变化   D. 荷载的偏心大小

19. 单轴对称轴心受压柱，不可能发生（   ）。
    A. 弯曲失稳   B. 扭转失稳
    C. 弯扭失稳   D. 第一类失稳

20. 理想轴心压杆的临界应力 $\sigma_{cr} > f_p$（比例极限）时，因（   ）应采用切线模量理论。
    A. 杆件的应力太大   B. 杆件的刚度大小
    C. 杆件进入弹塑性阶段   D. 杆件长细比太大

21. a 类截面的轴心压杆稳定系数 φ 值最高是由于（   ）。
    A. 截面是轧制截面   B. 截面的刚度最大
    B. 初弯曲的影响最小   D. 残余应力的影响最小

22. 对长细比很大的轴压构件，提高其整体稳定性最有效的措施是（   ）。
    A. 增加支承约束   B. 提高钢材强度
    C. 加大回转半径   D. 减少荷载

23. 工字形截面受压构件的腹板高度与厚度之比不能满足按全腹板进行计算的要求时，（   ）。
    A. 可在计算时仅考虑腹板两边缘各 $20t\sqrt{\dfrac{235}{f_y}}$ 的部分截面参加承受荷载
    B. 必须加厚腹板
    C. 必须设置纵向加劲肋
    D. 必须设置横向加劲肋

24. 格构式轴心受压柱缀材的计算内力随（   ）的变化而变化。
    A. 缀材的横截面面积   B. 缀材的种类
    C. 柱的计算长度   D. 柱的横截面面积

25. 规定缀条柱的单肢长细比 $\lambda_1 \leqslant 0.7\lambda_{max}$（$\lambda_{max}$ 为柱两主轴方向最大长细比），是为了（   ）。
    A. 保证整个柱的稳定   B. 使两单肢能共同工作
    C. 避免单肢先于整个柱失稳   D. 构造要求

4.2.3 简答题

1. 受轴向力杆件常用的截面形式有哪些？它们各常用在什么地方？
2. 轴心受拉杆的计算包括哪些内容？为什么拉杆要考虑刚度？
3. 轴心受压杆件计算包括哪些内容？截面选择步骤怎样？对于压杆选择怎样的截面最理想？
4. 理想轴心压杆的弹性屈曲和弹塑性屈曲是怎样区分的？
5. 工程中的实际轴心压杆通常都有哪些初始缺陷？它们对压杆的承载力有哪些影响？
6. 在轴心压杆的稳定计算中，截面分类主要考虑哪些因素？
7. 钢结构设计规范制定的轴心受压构件的稳定系数 φ 考虑了哪些因素？同一截面关于两个主轴的截面类别是否一定相同，为什么？
8. 格构柱对虚轴的整体稳定计算为什么要用换算长细比？
9. 何谓格构柱的分肢稳定？怎样保证分肢稳定性？
10. 缀条式格构柱中缀条设计，斜缀条怎么计算设计，为什么不计算横缀条？
11. 为什么残余应力会对截面两个主轴方向的承载力产生不同影响？
12. 板件的容许宽厚比是根据什么原则确定的？受压板件的承载力与哪些因素有关？翼缘和腹板的局部稳定计算为什么要采用不同的宽厚比限值公式？
13. 压杆的强度与整体稳定的区别有哪些？
14. 提高轴心受压构件的强度能提高其稳定承载力吗？为什么？
15. 简述实腹式轴心受压构件的截面设计过程。

4.2.4 计算题

1. 一焊接工字形实腹式轴心受压柱，承受轴压力 3 500 kN（设计值），计算长度 $l_{0x}=10$ m，$l_{0y}=5$ m，尺寸如图 4.10 所示，翼缘为剪切边，钢材为 Q235。试检算该柱的整体稳定和局部稳定性。

2. 试检算图 4.11 所示轴心受压双肢缀条式格构柱的整体稳定：轴心压力设计值为 $N = 1\ 100$ kN，$l_{0x} = l_{0y} = 5.6$ m。柱肢用 [20a，单肢截面 $A = 2\ 883$ mm^2，$I_{y1} = 17.8 \times 10^6$ mm^4，$I_{x1} = 1.28 \times 10^6$ mm^4，$z_0 = 20.1$ mm。缀条用 ∠45×4：$A_1 = 348.6$ mm^2，柱截面对 x、y 轴的稳定类型皆属 b 类截面，钢材采用 Q345，$f = 315$ N/mm^2。

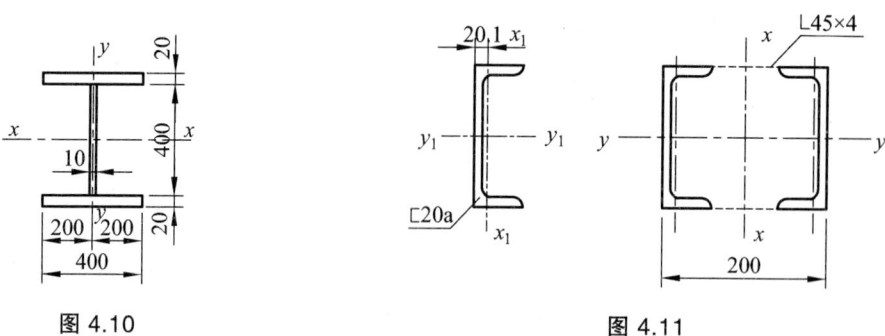

图 4.10　　　　　　　　图 4.11

3. 一工字形截面轴心受压柱如图4.12所示，$l_{0x}=l=9\text{ m}$，$l_{0y}=3\text{ m}$，在跨中截面每个翼缘和腹板上各有两个对称布置的$d_0=24\text{ mm}$的螺栓孔，钢材用Q235AF，$f=215\text{ N/mm}^2$，翼缘为焰切边。试求最大承载能力N（局部稳定已保证，不必验算）。

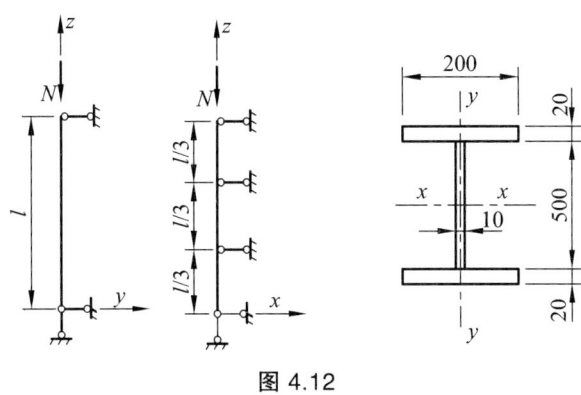

图 4.12

4. 如图4.13所示的普通热轧工字形钢轴心压杆，采用Q235F，$f=215\text{ N/mm}^2$。（1）此压杆的整体稳定是否满足要求？（2）此压杆的截面设计是否合理？为什么？

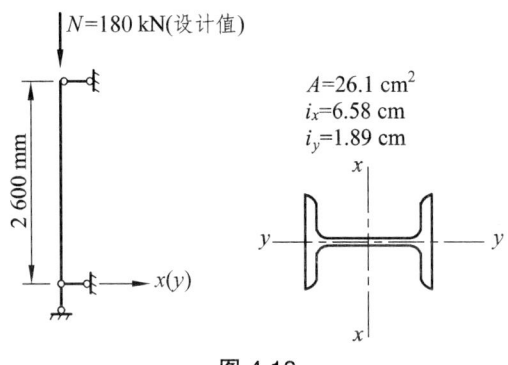

图 4.13

5. 某轴压杆的截面如图4.14所示，分肢用缀板连接，杆件自由长度$l_{0x}=1088\text{ cm}$，$l_{0y}=1360\text{ cm}$。钢材为Q345，设取分肢长细比$\lambda_1=40$，试计算该杆件的稳定承载力$N_{\max}$。

图 4.14　　　　　　　　图 4.15

6. 如图4.15所示的双角钢组合截面杆件，承受轴向压力设计值$N=600\text{ kN}$，钢材采用Q235，$f=215\text{ N/mm}^2$，两主轴方向的计算长度分别为$l_{0x}=2\text{ m}$，$l_{0y}=4\text{ m}$，试检算该杆刚度与稳定。

习题答案

4.2.1 填空题

1. 全截面平均应力达到材料屈服强度

2. $\lambda = \dfrac{l_0}{i} \leqslant [\lambda]$

3. 弯曲屈曲、扭转屈曲、弯扭屈曲、抗扭、扭转

4. 强度、刚度、稳定性

5. $\sigma_{cr} = \dfrac{N_{cr}}{A} = \dfrac{\pi^2 E}{\lambda^2}$

6. 柱子

7. 初弯曲、初偏心、残余应力

8. 四边简支、三边简支一边自由

9. 分肢稳定

10. 整体失稳临界应力

11. 用纵向加劲肋加强、采用腹板屈曲后强度加以验算

12. f_p（比例极限）

13. 有效惯性矩

14. 剪切变形

15. 实轴、虚轴

16. 初弯曲、残余应力

17. 腹板局部失稳

18. 62

19. 缀材、$V_{max} = \dfrac{Af}{85}\sqrt{\dfrac{f_y}{235}}$

20. 构件横截面截得的两侧斜缀条的毛截面面积之和

21. 分肢长细比 λ_1 不大于整个构件最大长细比 λ_{max}（λ_y 和 λ_{0x} 中的较大者）的0.7倍

4.2.2 选择题

1	2	3	4	5	6	7	8	9	10	11	12	13	14	15	16
C	D	A	D	C	C	A	B	B	D	B	D	B	C	B	ABCD
17	18	19	20	21	22	23	24	25							
D	C	B	C	D	A	A	B	C							

4.2.3 简答题

1.（1）轧制型钢截面，适用于受力较小的构件。如单角钢截面两主轴与角钢边不平行，当用角钢边与其他构件相连，不易做到轴心受力，故经常用于作次要构件或受力不大的拉杆。

（2）利用型钢或钢板焊接而成的实腹式组合截面，截面形状和尺寸几乎不受限制，可以根据构件的受力性质和力的大小选用合适的截面，适用于受力较大的构件。

第 4 章 轴心受力构件

（3）利用轧制型钢由缀件相连而成的格构式组合截面，适用于受力小、构件长、刚度起绝对控制的构件。

2. 轴心受拉构件计算内容包括强度和刚度两个方面。轴心受拉构件计算过程考虑刚度是为了保证构件在使用过程中满足正常使用极限状态的要求。其正常使用极限状态计算并不要求验算其轴向变形。但如果构件过分细长，则在制造、运输和安装时很易弯曲变形；在构件不是处于竖向位置时，其自重也常可使构件产生较大的挠度；对承受动力荷载的构件还将产生较大的振幅。因此，拉杆要考虑刚度。

3. 轴心受压构件的计算包括强度、刚度、整体稳定性和局部稳定性四个方面的内容。实腹式轴心受压构件截面选择步骤为：① 按照容许长细比的 60%～80% 的比例假定长细比，计算假定长细比下的稳定系数和两个主轴方向的回转半径；② 根据稳定系数计算所需截面面积和两个主轴方向的回转半径选择型合适的钢号；③ 计算所选截面的几何参数；④ 验算构件强度、稳定性和刚度直至合理。

压杆理想截面：宽肢薄壁，两个主轴方向等稳定定性。

4. 当 $\lambda < \lambda_p \left(\lambda_p = \pi \sqrt{E/f_p} \right)$ 时，构件称为粗短柱，此时构件的失稳属于弹性屈曲，采用欧拉公式计算较符合实际情况；当 $\lambda > \lambda_p$ 时，构件称为细长柱，此时构件的失稳属于非弹性屈曲，采用改进的欧拉公式计算才较符合实际情况。

5. 实际轴心压杆的初始缺陷有：初弯曲、初偏心和残余应力。残余应力使构件提前进入塑性，减小了截面的有效面积和有效惯性矩，从而降低了构件的稳定承载能力；由于初弯曲的存在，构件从开始加载就开始产生挠曲变形，挠度随轴力的增加而加速增加，从而承载能力降低；初偏心的数值一般较小，对短杆稍有影响，对长杆影响不如初弯曲大。

6. 受力的大小和性质，钢材的力学性能，并考虑制造省工、连接方便等因素。

7. φ 取决于杆件的截面大小和形状、钢材种类、构件的初弯曲和初偏心、残余应力水平及分布等因素。

不一定相同。主要因为残余应力的大小和分布对强轴和弱轴的影响不同，导致隶属不同的截面分类。

8. 轴心受压构件整体弯曲后，构件截面将产生弯矩和剪力，对实腹式轴心受压构件由于抗剪刚度大，剪力产生的剪切变形很小，对整体稳定承载力的影响小从而忽略不计。但对于格构式构件绕虚轴发生弯曲失稳时，所产生的剪力由缀材承担，缀材抵抗剪切变形的能力小，剪力产生的剪切变形大，对整体稳定承载力的不利影响必须予以考虑。因此，考虑剪力的影响，用换算长细比代替欧拉公式的长细比 λ。

9. 格构柱的分肢稳定：为了保证分肢的失稳不先于构件的整体失稳，《钢规》要求对单个分肢绕其最小刚度轴的长细比进行限制。

① 对缀条柱，分肢长细比 λ_1 不大于整个构件最大长细比 λ_{max}（λ_y 和 λ_{0x} 中的较大者）的 0.7 倍；② 对缀板柱，分肢长细比 $\lambda_1 \leq 40$，也不大于整个构件最大长细比 λ_{max} 的 0.5 倍（当 $\lambda_{max} < 50$ 时取 $\lambda_{max} = 50$）。

10. 对缀条柱假定各节点为铰接，按桁架杆件体系计算，斜缀条可能受拉也可能受压，按轴心压杆计算。对于单角钢，考虑到受力时的偏心作用，计算时可将材料强度设计值乘以折减系数 η。不计算横缀条，因为横缀条在桁架结构中属于零杆，仅按构造要求进行设计。

11. 以工字形截面为例，由于轴心受压构件绕其两形心主轴（x 轴和 y 轴）发生弯曲屈曲时的临界力不同，故分别讨论：

绕 x 轴：$\dfrac{N_{\text{cr1},x}}{N_{\text{cr2},x}} = \dfrac{I_{\text{e},x}}{I_x} \approx \dfrac{2(kb)t(h/2)^2}{2bt(h/2)^2} = k$

绕 y 轴：$\dfrac{N_{\text{cr1},y}}{N_{\text{cr2},y}} = \dfrac{I_{\text{e},y}}{I_y} \approx \dfrac{t(kb)^3/12}{tb^3/12} = k^3$

因为 $k<1.0$，所以 $k^3 < k < 1.0$。由此可见：绕不同轴其稳定承载力降低的程度不同，对弱轴稳定承载力的降低远大于对强轴的。

12. 宽厚比确定的原则：① 局部的临界应力不低于构件整体失稳的临界应力；② 局部失稳的临界应力足够大（接近钢材的屈服强度）。

受压板件的承载力影响因素有：材料强度、截面形式、截面尺寸、构件支撑间距、座支对构件的约束程度等。

翼缘与腹板采用不同宽厚比限值公式的原因：翼缘和腹板的边界条件不同，采用弹性力学的方法求解，其临界应力不同，故宽厚比限值不同。翼缘有一边自由边（悬空边）；有两端边与其他构件相连，从连接的实际支承来看，属于弹性嵌固中近似于简支的情况，可偏于安全的按简支边考虑；还有一边与腹板连接，由于腹板较薄，约束翼缘板绕该边转动的能力较弱，可按简支边考虑。因此，翼缘板按三边简支一边自由来建立边界条件。而腹板则可按四边简支考虑。

13.（1）强度问题研究的构件是以一个最不利点的应力或一个最不利截面的极限值，它与材料的强度极限、截面大小有关；而稳定问题研究构件或结构受荷载变形后平衡状态的属性及相应的临界荷载，它与构件或结构的变形有关，即与构件或结构的整体刚度有关。

（2）从材料性能来看，在弹性阶段，构件或结构的整体刚度仅与材料的弹性模量 E 有关，而各种不同强度的钢材其弹性模量 E 是相同的，因此采用高强度钢材只能提高其强度承载力，不能提高其弹性阶段的承载力。

（3）强度问题是采用线性分析方法，即在构件或结构原有位置上建立平衡方程来求解其内力。而稳定问题采用非线性分析方法，即在结构或构件受荷载变形后的位置上建立平衡方程求解其荷载。

（4）在弹性阶段，强度问题由于采用线性分析方法，可应用叠加原理；而对稳定问题，由于采用非线性的方法，因此不能采用叠加原理。

14. 不能。因为轴心受压柱正常条件下要满足强度条件外，还必须满足构件受力的稳定性要求，而且在通常情况下其极限承载力是由稳定条件决定的，而影响轴心受压杆件整体稳定的因素主要有构件的长细比 λ、截面形状、钢材种类等因素故仅提高轴心受压柱的钢材抗压强度是不能提高其稳定承载能力的。

15.（1）选择截面形式；

（2）查表求稳定系数 φ，计算所需截面面积以及回转半径，并选择截面尺寸；

（3）截面特性计算；

（4）强度、稳定性、刚度验算直至合理。

第 4 章 轴心受力构件

4.2.4 计算题

1. 解：

分析：实腹式轴心受压柱整体稳定性检算需先通过截面特性计算求出 x、y 轴方向的长细比，取较大值查表得到稳定系数，带入整体稳定性计算公式验算即可。对于局部稳定性验算，带入工字形钢翼缘宽厚比和腹板高厚比验算公式计算即可。

（1）截面的几何参数如下：

$$A = 400 \times 20 \times 2 + 400 \times 10 = 2 \times 10^4 \text{ (mm}^2\text{)}$$

$$I_x = \frac{1}{12} \times 400 \times 440^3 - \frac{1}{12} \times (400-10) \times 400^3 = 7.595 \times 10^8 \text{ (mm}^4\text{)}$$

$$I_y = \frac{1}{12} \times 20 \times 400^3 \times 2 + \frac{1}{12} \times 400 \times 10^3 = 2.134 \times 10^8 \text{ (mm}^4\text{)}$$

$$i_x = \sqrt{\frac{I_x}{A}} = \sqrt{\frac{7.595 \times 10^8}{2 \times 10^4}} = 194.87 \text{ (mm)}$$

$$i_y = \sqrt{\frac{I_y}{A}} = \sqrt{\frac{2.134 \times 10^8}{2 \times 10^4}} = 103.3 \text{ (mm)}$$

（2）整体稳定性。

因为截面属于双轴对称截面，其长细比计算如下：

$$\lambda_x = \frac{l_{0x}}{i_x} = 51.32 < [\lambda] = 150, \quad \lambda_x \sqrt{\frac{f_y}{235}} = 51.32$$

$$\lambda_y = \frac{l_{0y}}{i_y} = 48.40 < [\lambda] = 150, \quad \lambda_y \sqrt{\frac{f_y}{235}} = 48.40$$

对 x 轴为 b 类截面；y 轴为 c 类截面，查表知：

$$\varphi_x = 0.850, \quad \varphi_y = 0.785$$

$$\frac{N}{\varphi A} = \frac{3\,500 \times 10^3}{0.785 \times 2 \times 10^4} = 222.9 \text{ MPa} > f = 205 \text{ MPa}$$

故不满足整体稳定性要求。

（3）局部稳定性验算：

① 翼缘：$\dfrac{b}{t} = \dfrac{195}{20} = 9.75 < (10 + 0.1\lambda_{\max})\sqrt{\dfrac{235}{f_y}} = 10 + 0.1 \times 51.32 = 15.13$

② 腹板：$\dfrac{b}{t_w} = \dfrac{400}{10} = 40 < (25 + 0.5\lambda_{\max})\sqrt{\dfrac{235}{f_y}} = 25 + 0.5 \times 51.32 = 50.66$

故满足局部稳定要求。

2. 解：

分析：格构式轴心受压柱整体稳定性检算需先通过截面特性计算求出 x、y 轴方向的长细比，并考虑虚轴用换算长细比代替其名义长细比，查表得到稳定系数，取稳定系数较小值带入整体稳定性计算公式验算即可。

（1）截面特性计算：

由题意可知： $A_1 = 2883\ \text{mm}^2$，$I_{x_1} = 1.28\times 10^6\ \text{mm}^4$，$I_{y_1} = 17.8\times 10^6\ \text{mm}^4$

$Z_0 = 20.1\ \text{mm}$，$b_0 = 200 - 2Z_0 = 100 - 2\times 20.1 = 159.8$ (mm)

$l_{0x} = l_{0y} = 5.6\ \text{m}$

柱截面特性：$A = 2A_1 = 5766\ \text{mm}^2$

对虚轴 x 轴：

$$I_x = 2\times\left[I_{x_1} + A_1\left(\frac{b_0}{2}\right)^2\right] = 2\times\left[1.28\times 10^6 + 2883\times\left(\frac{159.8}{2}\right)^2\right] = 39.37\times 10^6\ (\text{mm}^4)$$

$$i_x = \sqrt{\frac{I_x}{A}} = 82.6\ \text{mm}，\quad \lambda_x = \frac{l_{0x}}{i_x} = \frac{5.6\times 10^3}{82.5} = 67.8\ (\text{mm})$$

斜缀选用角钢 ∟45×4，面积 $A_1 = 348.6\ \text{mm}^2$，缀条横截面面积总和：$A = 2A_1 = 598\ \text{mm}^2$

换算长细比：$\lambda_{0x} = \sqrt{\lambda_x^2 + \frac{27A}{A_1}} = \sqrt{67.8^2 + 27\times\frac{5677}{698}} = 69.4$

对实轴 y 轴惯性矩：$I_y = I_{y_1} = \times 17.8\times 10^6\ \text{mm}^4 = 35.6\times 10^6\ \text{mm}^4$

$$i_y = \sqrt{\frac{I_y}{A}} = 78.5\ \text{mm}，\quad \lambda_y = \frac{l_{0y}}{i_y} = \frac{5.6\times 10^3}{78.3} = 71.34\ (\text{mm})$$

（2）稳定性验算：柱截面绕 x、y 轴均为 b 类截面，$\max\{\lambda_y, \lambda_{0x}\} = 71.34$

$\lambda_y\sqrt{\frac{f_y}{235}} = 71.34\times\sqrt{\frac{345}{235}} = 86.45$，查表知：$\varphi = 0.645$

$$\frac{N}{\varphi A} = \frac{1100\times 10^3}{0.645\times 5766} = 293.8\ (\text{N/mm}^2) < f = 315\ \text{N/mm}^2$$

故稳定性满足要求。

3. 解：

分析：对于轴心受压够件的最大承载力一般是由稳定性控制。在本题中，由于跨中截面有削弱，故还需考虑强度要求。

（1）截面特性计算：

$$A = 200\times 20\times 2 + 500\times 10 = 13000\ (\text{mm}^2)$$

$$I_x = \frac{1}{12}\times 200\times 540^3 - \frac{1}{12}\times(200-10)\times 500^3 = 6.45\times 10^8\ (\text{mm}^4)$$

$$I_y = 2\times\frac{1}{12}\times 20\times 200^3 + \frac{1}{12}\times 500\times 10^3 = 2.671\times 10^7\ (\text{mm}^4)$$

$$i_x = \sqrt{\frac{I_x}{A}} = 222.7\ (\text{mm})$$

$$i_y = \sqrt{\frac{I_y}{A}} = 45.29 \text{ (mm)}$$

$$\lambda_x = \frac{l_{0x}}{i_x} = 40.4$$

$$\lambda_y = \frac{l_{0y}}{i_y} = 66.24$$

（2）计算最大稳定承载力。

查表可知绕 x、y 轴均为 b 类截面，取 $\max\{\lambda_x, \lambda_y\} = 66.24$，即

$$\lambda_y \sqrt{\frac{f_y}{235}} = 66.24\sqrt{\frac{235}{235}} = 66.24$$

查表可知：$\varphi_y = 0.773$

故 $N \leqslant \varphi_x A f = 0.773 \times 13\,000 \times 215 = 2\,160.5 \text{ (kN)}$

因跨中截面有螺栓孔削弱截面，故需考虑强度要求。

$$N \leqslant A_n f = \left(13\,000 - 6 \times \frac{1}{4}\pi d^2\right) \times 215 = 2\,211.42 \text{ (kN)}$$

故最大承载力：$N_{\max} = 2\,160.5 \text{ kN}$

4．解：

分析：实腹式轴心受压柱整体稳定性检算需先通过截面特性计算求出 x、y 轴方向的长细比，取较大值查表得到稳定系数，带入整体稳定性计算公式验算即可。

（1）查表可知：$i_x = 6.58 \text{ cm}$，$i_y = 1.89 \text{ cm}$，$A = 26.1 \text{ cm}^2$，$l_{0x} = l_{0y} = 2\,600 \text{ mm}$

因 $i_x > i_y$，绕 x 轴为 a 类截面，绕 y 轴为 b 类截面，且 $l_{0x} = l_{0y} = 2\,600 \text{ mm}$，故绕 y 轴稳定性差。

$$\lambda_y = \frac{l_{0y}}{i_y} = \frac{2\,600}{18.9} = 138$$

$$\lambda_y \sqrt{\frac{f_y}{235}} = 138\sqrt{\frac{235}{235}} = 138$$

对 y 轴为 b 类截面，查表可知：$\varphi_y = 0.353$，则

$$\frac{N}{\varphi_y A} = \frac{180 \times 10^3}{0.353 \times 26.1 \times 10^2} = 195 \text{ (MPa)} < f = 210 \text{ MPa}$$

故整体稳定性满足要求。

（2）不合理。

截面两形心主轴惯性矩相差较大，未做到两个方向稳定性相当，不能充分利用材料强度。

5．解：

分析：稳定性承载力应由整体稳定性控制。对于格构式轴心受压构件，除计算绕实轴 x 轴的稳定承载力，还需考虑虚轴 y 轴用换算长细比代替其名义长细比计算稳定承载力。取 x、y 轴稳定承载力中的较小值。

（1）查表可知：$A_1 = 75.04 \text{ cm}^2$，$I_{x1} = 17\,577.7 \text{ cm}^4$，$I_{y1} = 592.0 \text{ cm}^4$

$i_{x1} = 15.3 \text{ cm}$，$z_0 = 2.49 \text{ cm}$，$b_0 = 400 - 2.49 \times 2 = 35.02 \text{ cm}$

（2）绕实轴 x 轴：$\lambda_x = \dfrac{l_{0x}}{i_x} = \dfrac{1\,088}{15.3} = 71.1$

$$\lambda_x \sqrt{\dfrac{f_y}{235}} = 71.1 \sqrt{\dfrac{345}{235}} = 86.15$$

对 x 轴为 b 类截面，查表可知：$\varphi_x = 0.647$

$$\dfrac{N}{\varphi_x A} \leqslant f，\text{故 } N \leqslant \varphi_x A f = 0.647 \times 7\,504 \times 2 \times 310 = 3\,010.15 \text{ (kN)}$$

（3）绕虚轴 y 轴：$I_y = 2\left[I_{y1} + A_1 \cdot \left(\dfrac{b_0}{2}\right)^2\right] = 2 \times \left[592.0 + 75.04 \times \left(\dfrac{35.02}{2}\right)^2\right] = 47\,198.54 \text{ (cm}^4\text{)}$

$$i_y = \sqrt{\dfrac{I_y}{2A_1}} = \sqrt{\dfrac{47\,198.54}{2 \times 75.04}} = 17.7 \text{ (cm)}$$

$$\lambda_y = \dfrac{l_{0y}}{i_y} = \dfrac{1\,360}{17.7} = 76.8$$

缀板柱换算长细比：

$$\lambda_{yz} = \sqrt{\lambda_y^2 + \lambda_1^2} = \sqrt{76.8^2 + 40^2} = 86.6$$

$$\lambda_y \sqrt{\dfrac{f_y}{235}} = 86.6 \sqrt{\dfrac{345}{235}} = 104.92$$

对 y 轴为 b 类截面，查表可知：$\varphi_y = 0.520$

$$\dfrac{N}{\varphi_y A} \leqslant f，\text{故 } N \leqslant \varphi_y A f = 0.520 \times 7\,504 \times 2 \times 310 = 2\,419.3 \text{ (kN)}$$

综上：该柱的稳定承载力 $N_{\max} = 2\,419.3 \text{ kN}$。

6. 解：

分析：稳定性包括整体稳定性和局部稳定性。由于截面的形心和剪切中心不重合，y 轴需用换算长细比代替名义长细比进行计算。进而验算 x、y 轴的刚度和整体稳定性。局部稳定性是通过角钢的单肢宽厚比予以控制的。

（1）截面的几何参数：

查表可知：$i_x = 3.05 \text{ cm}$，$i_y = 4.52 \text{ cm}$，$A = 38.522 \text{ cm}^2$，$r = 12 \text{ mm}$

（2）刚度验算：

查表可知：$[\lambda] = 150$

$$\lambda_x = \dfrac{l_{0x}}{i_x} = \dfrac{200}{3.05} = 65.6 < [\lambda] = 150$$

第 4 章 轴心受力构件

$$\lambda_y = \frac{l_{0y}}{i_y} = \frac{400}{4.52} = 88.5$$

由于截面的形心和剪切中心不重合，y 轴需用换算长细比求稳定系数：

$$\frac{b}{t} = \frac{100}{10} < 0.58 \frac{l_{0y}}{b} = 0.58 \frac{400}{10} = 23.2$$

$$\lambda_{yz} = \lambda_y \left(1 + \frac{0.475b^4}{l_{0y}^2 t^2}\right) = 88.5\left(1 + \frac{0.475 \times 10^4}{400^2 \times 1^2}\right) = 91.13 < [\lambda] = 150$$

故刚度满足要求。

（3）整体稳定性验算：

查表可知：等边双角钢经 x、y 轴失稳均为 b 类截面，取长细比 λ 较大值 $\lambda_{yz} = 91.13$，$\lambda\sqrt{\dfrac{f_y}{235}} = 91.13$，查表可知：$\varphi = 0.614$，则

$$\frac{N}{\varphi A} = \frac{600 \times 10^3}{0.604 \times 38.522 \times 10^2} = 257.87 \text{ (MPa)} > f = 210 \text{ MPa}$$

故整体稳定性不满足要求。

（4）局部稳定性验算：

$$\lambda_{\max} = \max\{\lambda_x, \lambda_y\} = 91.13$$

$$\frac{b-r}{t} = \frac{10-1.2}{1} = 8.8 < (10 + 0.1\lambda_{\max})\sqrt{\frac{235}{f_y}} = 10 + 0.1 \times 91.13 = 19.11$$

故局部稳定性满足要求。

第 5 章 受弯构件——梁

5.1 本章重点内容提要

5.1.1 受弯构件的形式与应用

钢梁可分为型钢梁和组合梁两大类。型钢梁构造简单，制造省工，成本较低，但截面尺寸受型钢规格的限制。在荷载较大或跨度较大时，由于型钢的尺寸、规格不能满足梁承载力和刚度的要求，就必须采用组合梁。

型钢梁中通常采用热轧型钢梁，荷载和跨度较小时也可采用冷弯薄壁型钢梁。热轧型钢梁主要采用工字钢和槽钢梁，其截面高而窄，适于强轴方向受弯。宽翼缘工字钢具有较宽的翼缘，一般称作 H 型钢，用作梁时有较大的侧向刚度、抗扭刚度和整体稳定性，也便于在翼缘上搁置面板。槽钢梁的截面左右不对称，弯曲中心位于腹板外侧，在翼缘上施加荷载时梁同时受弯并受扭，故只在构造上能使荷载接近弯曲中心或能适当防止截面扭转时才宜采用；但槽钢的一个侧面平整，当端部靠腹板与其他构件连接时比较方便。冷弯薄壁型钢梁常用于承受较轻荷载（如轻屋面和轻墙面等）的情况。

组合梁由钢板或型钢用焊缝、螺栓连接而成。最常用的是由三块钢板焊接而成的工字形截面梁，这种开口截面，构造简单，制造方便，连接方便。箱形截面是闭口截面，它具有较大的抗扭刚度和侧向抗弯刚度，用于荷载和跨度较大而梁高受到限制、侧向刚度要求较高或受双向较大弯矩的梁。

5.1.2 受弯构件的强度与刚度计算

梁的设计必须同时考虑承载能力极限状态和正常使用极限状态。承载能力极限状态包括强度、整体稳定和局部稳定三个方面，其中强度的计算包括：弯曲正应力、剪应力、局部压应力和折算应力。正常使用极限状态主要考虑梁在荷载标准值作用下的最大挠度。

1. 抗弯强度

假定：钢材是一种理想弹塑性体；应变满足平截面假定。

弯曲正应力的发展过程分成三个阶段：

（1）弹性工作阶段在弯矩 M_x 作用下，截面上下边缘的应变最大；当 M_x 较小时，梁全截面弹性工作，此时应力与应变成正比，应力为直线分布。弹性工作的最大弯矩：$M_{ex} = f_y W_{nx}$。W_{nx} 为梁净截面对 x 轴的抗弯模量。

（2）弹塑性工作阶段当弯矩 M_x 继续增加，截面上下各有一部分区域的应变 $\varepsilon > f_y / E$。由于钢材为理想的弹塑性体，故这部分区域的正应力恒等于 f_y，为塑性区。但应变 $\varepsilon < f_y / E$ 的中间部分区域仍保持弹性。

（3）塑性工作阶段，当弯矩 M_x 继续增加，梁截面的塑性区不断向内发展，弹性核心不断变小，当弹性核心几乎完全消失时，弯矩 M_x 不增加，变形却持续发展，形成塑性铰，此时梁的承载能力：

$$M_{px} = f_y (S_{1nx} + S_{2nx}) = f_y W_{pnx}$$

式中　S_{1nx}，S_{2nx}——中性轴以上和以下净截面对中性轴 x 的面积矩；

　　　W_{pnx}——净截面对 x 轴的塑性模量，$W_{pnx} = S_{1nx} + S_{2nx}$。

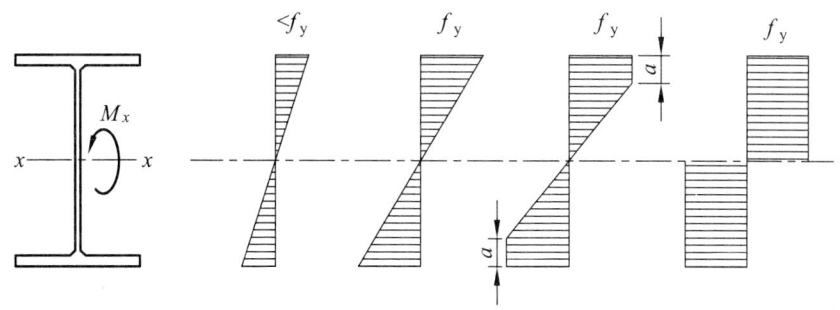

图 5.1　梁截面正应力发展过程

塑性铰弯矩 M_{px} 与弹性最大弯矩 M_{ex} 之比为

$$\gamma_F = \frac{M_{px}}{M_{ex}} = \frac{W_{pnx}}{W_{nx}}$$

γ_F 值只取决于截面的几何形状而与材料的性质无关，称为截面形状系数。其值越大，该截面发展塑性后抗弯承载力可提高越多（即塑性发展的潜力大）。

计算梁的抗弯强度时，不考虑截面塑性发展是浪费钢材的。但若按截面形成塑性铰来设计，则：① 可能使梁的挠度过大；② 对梁的整体稳定和局部稳定不利；③ 梁腹板折算应力太大。因此规范规定：计算梁的抗弯强度时，考虑部分截面发展塑性变形，引入了截面的塑性发展系数 γ_x 和 γ_y。该系数与截面形状系数有关，截面形状系数越大说明该截面能有越多的面积可发展塑性，因此其塑性发展系数就越大。

因此在绕 x 轴的弯矩 M_x 作用下梁的弯曲应力计算公式为

$$\frac{M_x}{\gamma_x W_{nx}} \leqslant f \tag{5.1.1}$$

在绕 x 轴的弯矩 M_x 和绕 y 轴的弯矩 M_y 共同作用下：

$$\frac{M_x}{\gamma_x W_{nx}} + \frac{M_y}{\gamma_y W_{ny}} \leqslant f \tag{5.1.2}$$

式中，γ_x 和 γ_y 可查表取得。

对于需进行疲劳计算的梁，应按弹性受力设计，故 γ_x 和 γ_y 取 1.0。

2. 抗剪强度

梁的抗剪强度计算采用材料力学基本公式：

$$\tau = \frac{VS}{It_w} \leqslant f_v \quad (5.2.1)$$

对矩形截面梁，公式变为

$$\tau = 1.5\frac{V}{bh} \leqslant f_v \quad (5.2.2)$$

剪力主要由腹板承受，因此当梁的抗剪强度不足时，最有效的办法是增大腹板的面积，但腹板高度一般由梁的刚度要求确定，故常加大腹板厚度来增大梁的抗剪强度。

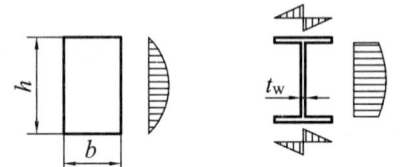

图 5.2　剪力作用下的剪应力分布

3. 局部承压强度

当梁在固定集中荷载作用下未设置支承加劲肋时，或受移动的集中荷载如列车轮压作用时，应验算梁腹板计算高度边缘的局部压应力。计算公式如下：

$$\sigma_c = \frac{\psi F}{t_w l_z} \leqslant f \quad (5.2.3)$$

当局部承压强度不满足时，应加厚腹板，或考虑增大集中荷载的分布尺寸等。通常在较大集中荷载作用位置处会设支承加劲肋，刨平顶紧在集中荷载作用的翼缘板上，并牢固地与腹板连接，这时可认为集中荷载通过支承加劲肋传递，腹板上的局部压应力不必检算。

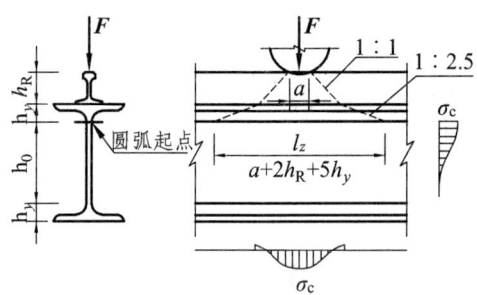

图 5.3　工字形钢梁腹板上的局部压应

4. 折算应力强度

在组合梁的腹板计算高度边缘处，当同时受有较大的多向应力（正应力、剪应力或局部压应力）时，应验算该处的折算应力：

$$\sigma_{eq} = \sqrt{\sigma^2 + \sigma_c^2 - \sigma\sigma_c + 3\tau^2} \leqslant \beta_1 f \quad (5.2.4)$$

式中　σ，σ_c——带符号，拉为正，压为负；

β_1——增大系数(当 σ 和 σ_c 异号时,$\beta_1 = 1.2$;当二者同号或 $\sigma_c = 0$ 时,$\beta_1 = 1.1$)。

一般需要验算折算应力的截面位置有:连续梁、悬臂梁和固端梁的支承处;集中荷载作用处;梁截面变化处。

5. 刚 度

梁的刚度用正常使用荷载标准值引起的最大挠度 υ 来衡量,要求不超过规范规定的容许挠度值,以保证梁的正常使用:

$$\frac{\upsilon}{l} \leqslant \left[\frac{\upsilon}{l}\right] \tag{5.2.5}$$

梁的挠度可用力学公式(如下所列)计算,在情况复杂不便手算时,可采用有限元法电算。

简支梁,均布荷载满跨布载:$\upsilon = \dfrac{5ql^4}{384EI}$

简支梁,集中荷载作用于跨中:$\upsilon = \dfrac{Pl^3}{48EI}$

悬臂梁,均布荷载满跨布载:$\upsilon = \dfrac{ql^4}{8EI}$

简支梁,集中荷载作用于梁端:$\upsilon = \dfrac{Pl^3}{3EI}$

5.1.3 受弯构件的整体稳定理论与计算

1. 基本理论

钢梁截面一般高而窄,侧向抗弯刚度较小,如果梁的侧向支承间距较大或无侧向支承,当其在最大刚度主平面内承受的横向荷载或弯矩作用达到一定数值时,钢梁将突然产生侧向弯曲,同时伴随发生扭转,丧失承载能力,这种现象叫做钢梁丧失整体稳定或钢梁侧向弯扭屈曲,或称钢梁侧扭屈曲。

对双轴对称截面简支梁,根据弹性稳定理论,以梁在发生侧扭屈曲时的弯扭变形(微小弯曲变形和扭转变形)的情况建立平衡微分方程,求解得出梁受纯弯曲时整体失稳的临界弯矩:

$$M_{\mathrm{cr}} = \frac{\pi^2 EI_y}{l^2}\left[\sqrt{\frac{I_{\mathrm{w}}}{I_y}\left(1 + \frac{l^2 GI_{\mathrm{t}}}{\pi^2 EI_{\mathrm{w}}}\right)}\right]$$

当梁为单轴对称截面、不同支承情况或不同荷载类型时,结合以上临界弯矩 M_{cr} 用能量法推导得类似的临界弯矩公式:

$$M_{\mathrm{cr}} = \beta_1 \frac{\pi^2 EI_y}{l^2}\left[\sqrt{(\beta_2 a + \beta_3 c_y)^2 + \frac{I_{\mathrm{w}}}{I_y}\left(1 + \frac{l^2 GI_{\mathrm{t}}}{\pi^2 EI_{\mathrm{w}}}\right)} + \beta_2 a + \beta_3 c_y\right]$$

式中 $c_y = \dfrac{1}{2I_x}\displaystyle\int_A y(x^2 + y^2)\mathrm{d}A - y_0$

y_0——剪切中心的纵坐标，$y_0 = (I_1 h_1 - I_2 h_2)/I_y$；

EI_y——截面侧向抗弯刚度；

GI_t——截面自由扭转刚度；

EI_w——截面翘曲刚度；

a——剪切中心 S 至横向荷载作用点的距离，荷载在剪切中心以上时取负值，反之取正值；

I_1，I_2——受压翼缘和受拉翼缘对 y 轴的惯性矩；

h_1，h_2——受压翼缘和受拉翼缘形心至整个截面形心的距离；

β_1，β_2，β_3——根据截面形式、支承情况和荷载类型而定的系数。

通过对以上公式的深入分析，可以发现影响梁整体稳定的主要因素有：

（1）梁的截面形状和尺寸，即梁的侧向抗弯刚度 EI_y、抗扭刚度 GI_t、抗翘曲刚度 EI_w 越大，临界弯矩 M_{cr} 越大。

（2）荷载的种类和荷载作用位置，荷载产生的弯矩图越饱满（越接近纯弯曲时的弯矩图），临界弯矩 M_{cr} 越小，纯弯曲时的 M_{cr} 最小；荷载作用于受拉翼缘比作用于受压翼缘时梁的临界弯矩 M_{cr} 要大。

（3）梁受压翼缘的自由长度 l_1 越小，即受压翼缘侧向支承点间距越小，临界弯矩 M_{cr} 越大；另外，梁端支座对截面的扭转约束越强，临界弯矩 M_{cr} 越大。

所以提高钢梁整体稳定的最有效措施有：① 加大梁的截面尺寸（主要是加大受压翼缘的宽度），以提高其侧向抗弯刚度和抗扭刚度；② 增大梁的约束，如增加受压翼缘的侧向支承点以减小其侧向自由长度 l_1 等。

2. 梁的整体稳定系数

钢梁能保持整体稳定的截面最大弯矩和最大弯曲压应力称为临界弯矩 M_{cr} 和临界应力 σ_{cr}。当钢梁的侧向刚度较差，主要是受压翼缘宽度 b_1 较小而其侧向支承点间的自由长度 l_1 较大时，σ_{cr} 常小于钢材的屈服强度 f_y，比值 $\varphi_b = \sigma_{cr}/f_y$ 称为钢梁的整体稳定系数。当最大弯曲压应力 σ 不超过临界应力 $\sigma_{cr} = \varphi_b f_y$ 时，表示梁能保持整体稳定。由此，钢梁的整体稳定计算公式为

$$\sigma = \frac{M}{W_x} \leqslant \frac{\sigma_{cr}}{\gamma_R} = \varphi_b f$$

3. 整体稳定的实用计算方法

（1）计算公式和要求。

当在最大刚度主平面内单向受弯时，钢梁将发生在弱轴侧向的弯扭失稳，其整体稳定计算公式为

$$M_x/(\varphi_b W_x) \leqslant f \quad (5.6.1)$$

当钢梁双向受弯时，钢梁仍将发生在弱轴侧向的弯扭失稳，其整体稳定计算采用以下经验近似公式：

$$M_x/(\varphi_b W_x) + M_y/\gamma_y W_y \leqslant f \quad (5.6.2)$$

规范同时规定，当符合以下情况之一的钢梁可不计算其整体稳定：

① 有铺板（各种钢筋混凝土板和钢板）密铺在梁的受压翼缘上与其牢固相连，能阻止梁受压翼缘的侧向位移；

② H 型钢或等截面工字形简支梁受压翼缘的自由长度 l_1 与其宽度 b_1 之比不超过下列数值：

跨中无侧向支承点，荷载作用在上翼缘：$13\sqrt{235/f_y}$。

跨中无侧向支承点，荷载作用在下翼缘：$20\sqrt{235/f_y}$。

跨中有侧向支承点：$16\sqrt{235/f_y}$。

③ 箱形截面简支梁的截面高宽比 $h/b_0 \leq 6$ 且 $l_1/b_0 \leq 95(235/f_y)$。

（2）钢梁整体稳定系数 φ_b 的计算。

① 对工字形等截面简支梁：

$$\varphi_b = \beta_b \frac{4\,320}{\lambda_y^2} \frac{Ah}{W_x} \left[\sqrt{1+\left(\frac{\lambda_y t_1}{4.4h}\right)^2} + \eta_b \right] \frac{235}{f_y}$$

式中 A，W_x——截面毛截面面积和按最大压应力确定的毛截面模量；

h，t_1——截面高度和受压翼缘厚度；

λ_y——工字钢梁绕弱轴的长细比，$\lambda_y = l_1/i_y$，l_1 为梁侧向梁曲时的自由长度；

η_b——截面不对称影响系数（双轴对称工字形截面 $\eta_b = 0$；对单轴对称工字形截面，当加强受压翼缘时 $\eta_b > 0$，当加强受拉翼缘时 $\eta_b < 0$）。

β_b——梁整体稳定的等效弯矩系数，该系数是不同荷载作用时梁的临界弯矩 M_{cr} 或 φ_b 与同等条件下梁受纯弯曲时的 M_{cr} 或 φ_b 的比值。具体计算时该值查表套公式取用。

② 对热轧普通工字钢简支梁。

直接查表得到。

③ 对热轧槽钢简支梁：

$$\varphi_b = \frac{570bt}{l_1 h} \cdot \frac{235}{f_y}$$

对于箱形截面梁，因为其构造通常都满足 $h/b_0 \leq 6$ 且 $l_1/b_0 \leq 95(235/f_y)$ 而无需检算整体稳定性，故未给定整体稳定系数 φ_b 的计算公式。

不管何种情况，当 $\varphi_b > 0.6$ 时，钢材进入弹塑性受力状态，部分截面应力已达到屈服点，并形成塑性变形区，对继续抵抗弯曲和扭转变形已不再起作用，此时的稳定承载能力显著降低。因此需对稳定系数进行修正：$\varphi_b' = 1.07 - 0.282/\varphi_b \leq 1.0$。

5.1.4 受弯构件的局部稳定理论与计算

与轴心受压构件一样，钢梁由翼缘、腹板等板件组成，应保证这些板件的自身稳定。

热轧型钢梁有较大的板件厚度，都能满足局部稳定要求，不需验算。

组合截面通常较宽薄，局部稳定性需要计算确认。

组合截面梁的受压翼缘和轴心受压构件的翼缘比较，它们的应力状态和边界约束都类似，因此两者的稳定性相近,稳定性都是采用限制宽厚比的方式来保证。但两者的宽厚比限值标准不同,轴心受压构件是按局部稳定不先于整体稳定(即 $\sigma_{cr,局} \geqslant \sigma_{cr,整}$)原则确定的,受弯构件则是按局部稳定不先于强度破坏(即 $\sigma_{cr,局} \geqslant f_y$)原则确定的。

当受弯构件考虑塑性发展时,受压翼缘的弯曲压应力是均匀分布的,其值接近于强度设计值 f,按 $\sigma_{cr,局} \geqslant f_y$ 原则,可确定自由外伸宽度与厚度之比 $b'/t_f \leqslant 13\sqrt{235/f_y}$。

当受弯构件按弹性设计时,受压翼缘弯曲压应力不均匀,翼缘平均应力只有 $(0.95 \sim 0.98)f_y$。故规范规定,对梁受压翼缘自由外伸部分的宽厚比限值可略为放宽,取 $b'/t_f \leqslant 15\sqrt{235/f_y}$。

对箱形截面梁,其受压翼缘板在两腹板之间的无支承部分应满足:$b_0/t_f \leqslant 40\sqrt{235/f_y}$。

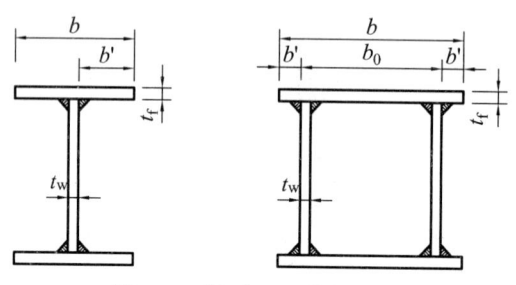

图 5.4 梁受压翼缘宽厚比

组合截面梁的腹板由于抗弯要求高度较大,而为了省钢又不宜做得太厚,故通常比较宽薄,常需按配置加劲肋才能满足局部稳定要求。腹板加劲肋有横向加劲肋、纵向加劲肋和短加劲肋。加劲肋把腹板划分成多块较小的矩形区格,从而提高了板件稳定临界应力;换个角度来看,加劲肋的作用实际上是加强了腹板的面外刚度。

但对于承受静力荷载和间接承受动力荷载的组合梁,宜考虑腹板屈曲后强度,即允许腹板发生局部失稳,按腹板失稳后的有效截面面积重新计算梁的抗弯和抗剪承载力。

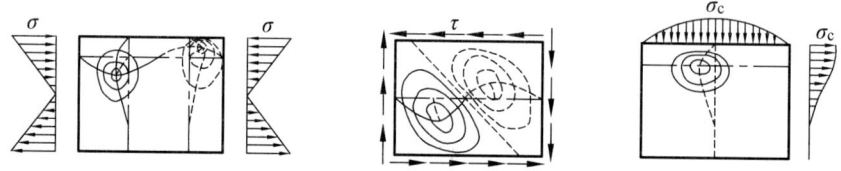

图 5.5 腹板在各种单一应力状态下的失稳

如图 5.5 所示,在弯曲正应力单独作用下,腹板会出现凹凸波形屈曲变形,波形的中心靠近其压力合力的作用线;在剪应力单独作用下,腹板在 45°方向产生主拉(压)应力,在主压应力作用下会出现向 45°方向倾斜的凹凸波形;在局部压应力单独作用下,会在局部压应力较大的局部区域产生一个的鼓曲面。根据腹板的失稳形态,可设置相应的加劲肋来阻止腹板失稳:纵向加劲肋可以防止由弯曲压应力引起的腹板失稳,横向加劲肋可防止由剪应力和局部压应力引起的腹板失稳,短加劲肋可防止由局部压应力可能引起的腹板失稳。

1. 腹板加劲肋的布置原则

(1)当 $h_0/t_w \leqslant 80\sqrt{235/f_y}$ 时,对有局部压应力的梁,应按构造配置横向加劲肋;对无局部压应力的梁,可不配置加劲肋。

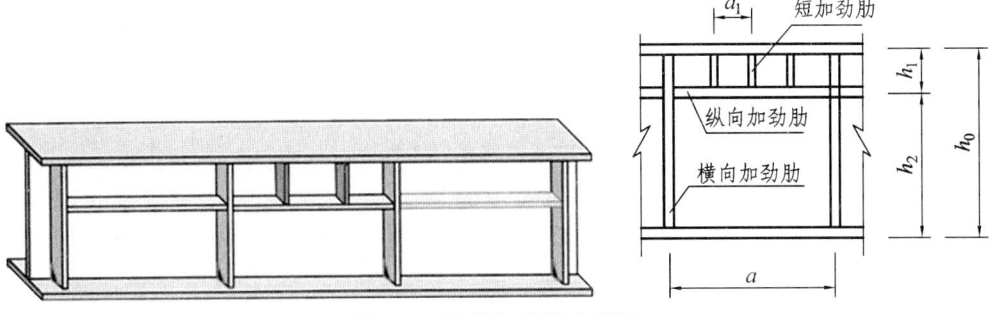

图 5.6 腹板加劲肋布置图

（2）当 $80\sqrt{235/f_y} < h_0/t_w \leqslant 170\sqrt{235/f_y}$（受压翼缘扭转受到约束）或 $150\sqrt{235/f_y}$（受压翼缘扭转未受到约束）时，应按计算配置横向加劲肋。

（3）当 $h_0/t_w > 170\sqrt{235/f_y}$ 或 $150\sqrt{235/f_y}$ 时，应按计算配置横向加劲肋并在受压区配置纵向加劲肋，必要时还应在受压区配置短加劲肋。

（4）梁的支座和上翼缘受有较大固定集中荷载处宜设置支承加劲肋。

2. 设置加劲肋的腹板的稳定计算

加劲肋布置好后，需计算被加劲肋分隔成的各区格板块的局部稳定性，即腹板的稳定。

（1）仅设横向加劲肋。

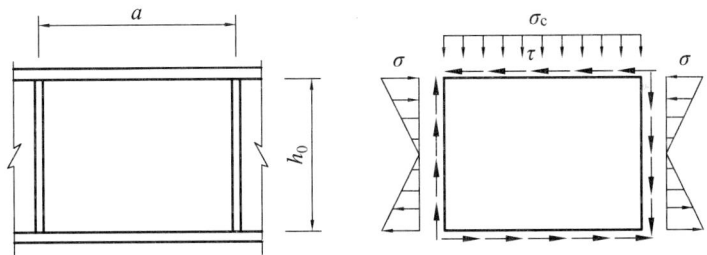

图 5.7 腹板用横向加劲肋加强后的稳定计算应力图

此时采用稳定检算公式：

$$\left(\frac{\sigma}{\sigma_{cr}}\right)^2 + \left(\frac{\tau}{\tau_{cr}}\right)^2 + \frac{\sigma_c}{\sigma_{c,cr}} \leqslant 1 \tag{5.2.7}$$

式中 σ——所计算腹板区格内，由平均弯矩产生的腹板计算高度边缘的弯曲压应力；

τ——所计算腹板区格内，由平均剪力产生的腹板平均剪应力，$\tau = V/(h_w t_w)$；

σ_c——腹板计算高度边缘的局部压应力，计算中取 $\psi = 1.0$；

$\sigma_{cr}, \sigma_{c,cr}, \tau_{cr}$——各种应力单独作用下的临界应力。

① σ_{cr} 按下列公式计算：

当 $\lambda_b \leqslant 0.85$ 时：

$$\sigma_{cr} = f \tag{5.7.1}$$

当 $0.85 < \lambda_b \leqslant 1.25$ 时：

$$\sigma_{cr} = [1-0.75(\lambda_b - 0.85)]f \quad (5.7.2)$$

当 $\lambda_b > 1.25$ 时：

$$\sigma_{cr} = 1.1f/\lambda_b^2 \quad (5.7.3)$$

式中 λ_b——用于腹板受弯计算时的通用高厚比：

当梁受压翼缘扭转受到约束时：

$$\lambda_b = \frac{2h_c/t_w}{177}\sqrt{\frac{f_y}{235}} \quad (5.7.4)$$

当梁受压翼缘扭转未受到约束时：

$$\lambda_b = \frac{2h_c/t_w}{153}\sqrt{\frac{f_y}{235}} \quad (5.7.5)$$

式中 h_c——梁腹板弯曲受压区高度。

② τ_{cr} 按下列公式计算：

当 $\lambda_s \leq 0.8$ 时：

$$\tau_{cr} = f_v \quad (5.7.1)$$

当 $0.8 < \lambda_s \leq 1.2$ 时：

$$\tau_{cr} = [1-0.59(\lambda_s - 0.8)]f_v \quad (5.7.2)$$

当 $\lambda_b > 1.2$ 时：

$$\tau_{cr} = 1.1f_v/\lambda_s^2 \quad (5.7.3)$$

式中 λ_s——用于腹板受剪计算时的通用高厚比：

当 $a/h_0 \leq 1.0$ 时：

$$\lambda_s = \frac{h_0/t_w}{41\sqrt{4+5.34(h_0/a)^2}}\sqrt{\frac{f_y}{235}} \quad (5.7.4)$$

当 $a/h_0 > 1.0$ 时：

$$\lambda_s = \frac{h_0/t_w}{41\sqrt{5.34+4(h_0/a)^2}}\sqrt{\frac{f_y}{235}} \quad (5.7.5)$$

③ $\sigma_{c,cr}$ 按下列公式计算：

当 $\lambda_c \leq 0.9$ 时：

$$\sigma_{c,cr} = f \quad (5.7.1)$$

当 $0.9 < \lambda_c \leq 1.2$ 时：

$$\sigma_{c,cr} = [1-0.79(\lambda_s - 0.9)]f \quad (5.7.2)$$

当 $\lambda_c > 1.2$ 时：

$$\sigma_{c,cr} = 1.1 f / \lambda_c^2 \qquad (5.7.3)$$

式中　λ_c——用于腹板受局部压力计算时的通用高厚比：

当 $0.5 \leqslant a/h_0 \leqslant 1.5$ 时：

$$\lambda_c = \frac{h_0/t_w}{28\sqrt{10.9 + 13.4(1.83 - a/h_0)^3}} \sqrt{\frac{f_y}{235}} \qquad (5.7.4)$$

当 $a/h_0 > 1.5$ 时：

$$\lambda_s = \frac{h_0/t_w}{28\sqrt{18.9 - 5a/h_0}} \sqrt{\frac{f_y}{235}} \qquad (5.7.5)$$

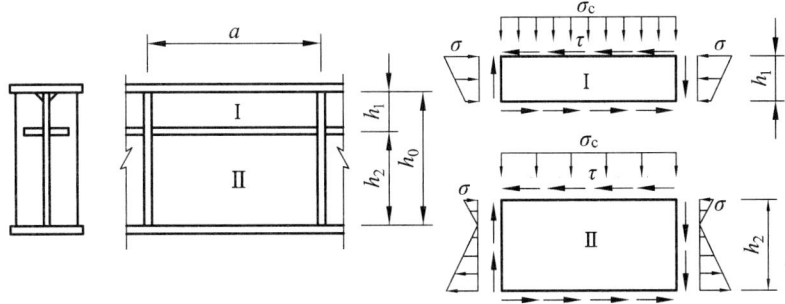

图 5.8　腹板用横、纵向加劲肋加强后的稳定计算应力图

（2）同时设横向加颈肋和纵向加劲肋板。

① 对受压翼缘与纵向加劲肋之间的区格（Ⅰ），采用稳定检算公式：

$$\frac{\sigma}{\sigma_{cr1}} + \left(\frac{\tau}{\tau_{cr1}}\right)^2 + \left(\frac{\sigma_c}{\sigma_{c,cr1}}\right)^2 \leqslant 1 \qquad (5.2.8)$$

a. σ_{cr1} 按公式（5.7.1）计算，但式中的 λ_b 改用 λ_{b1} 代替。

当梁受压翼缘扭转受到约束时：

$$\lambda_{b1} = \frac{h_1/t_w}{75} \sqrt{\frac{f_y}{235}}$$

当梁受压翼缘扭转未受到约束时

$$\lambda_{b1} = \frac{h_1/t_w}{64} \sqrt{\frac{f_y}{235}}$$

式中　h_1——纵向加劲肋至腹板计算高度受压边缘的距离。

b. τ_{cr1} 按公式（5.7.2）计算，但式中的 h_0 改用 h_1 代替。

c. $\sigma_{c,cr1}$ 按公式（5.7.1）计算，但式中的 λ_b 改用 λ_{c1} 代替。

当梁受压翼缘扭转受到约束时：

$$\lambda_{c1} = \frac{h_1/t_w}{56}\sqrt{\frac{f_y}{235}}$$

当梁受压翼缘扭转未受到约束时：

$$\lambda_{c1} = \frac{h_1/t_w}{40}\sqrt{\frac{f_y}{235}}$$

② 对受拉翼缘与纵向加劲肋之间的区格（Ⅱ），采用稳定检算公式：

$$\left(\frac{\sigma_2}{\sigma_{cr2}}\right)^2 + \left(\frac{\tau_2}{\tau_{cr2}}\right)^2 + \frac{\sigma_{c2}}{\sigma_{c,cr2}} \leqslant 1 \qquad (5.2.9)$$

式中　　σ_2——所计算腹板区格内，由平均弯矩产生的腹板在纵向加劲肋处的弯曲压应力；

　　　　σ_{c2}——腹板在纵向加劲肋处的局部（横向）压应力，取 $0.3\sigma_c$。

a. σ_{cr2} 按公式（5.7.1）计算，但式中的 λ_b 改用 λ_{b2} 代替：

$$\lambda_{b2} = \frac{h_2/t_w}{194}\sqrt{\frac{f_y}{235}}$$

b. τ_{cr2} 按公式（5.7.2）计算，但式中的 h_0 改用 h_2 代替。

c. $\sigma_{c,cr2}$ 按公式（5.7.3）计算，但式中的 h_0 改用 h_2 代替，当 $a/h_2 > 2$ 时，取 $a/h_2 = 2$。

（3）在受压翼缘与纵向加劲肋设短加劲肋。

此时腹板的稳定采用公式（5.2.8）计算。

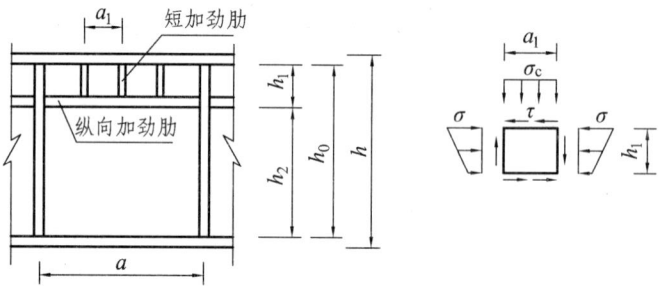

图 5.9　腹板用短加劲肋加强后的稳定计算应力图

$$\frac{\sigma}{\sigma_{cr1}} + \left(\frac{\tau}{\tau_{cr1}}\right)^2 + \left(\frac{\sigma_c}{\sigma_{c,cr1}}\right)^2 \leqslant 1 \qquad (5.2.8)$$

① σ_{cr1} 按公式（5.7.1）计算，但式中的 λ_b 改用 λ_{b1} 代替。

当梁受压翼缘扭转受到约束时：

$$\lambda_{b1} = \frac{h_1/t_w}{75}\sqrt{\frac{f_y}{235}}$$

当梁受压翼缘扭转未受到约束时：

$$\lambda_{b1} = \frac{h_1/t_w}{64}\sqrt{\frac{f_y}{235}}$$

式中　h_1——纵向加劲肋至腹板计算高度受压边缘的距离。

② τ_{cr1} 按公式（5.7.2）计算，但式中的 h_0 和 a 改用 h_1 和 a_1 代替。

③ $\sigma_{c,cr1}$ 按公式（5.7.1）计算，但式中的 λ_b 改用 λ_{c1} 代替。

当梁受压翼缘扭转受到约束时：

$$\lambda_{c1}=\frac{a_1/t_w}{87}\sqrt{\frac{f_y}{235}}$$

当梁受压翼缘扭转未受到约束时：

$$\lambda_{c1}=\frac{a_1/t_w}{73}\sqrt{\frac{f_y}{235}}$$

对 $a_1/h_1>1.2$ 的区格，λ_{c1} 应乘以 $1/(0.4+0.5a_1/h_1)^{1/2}$。

3. 加劲肋的构造要求

（1）中间加劲肋。

焊接梁的加劲肋一般采用钢板，并在腹板两侧成对布置，有时也可单侧布置。

横向加劲肋的最小间距为 $0.5h_0$，最大间距为 $2h_0$（对无局部压应力的梁，当 $h_0/t_w \leqslant 100$ 时，可采用 $2.5h_0$）；纵向加劲肋至腹板计算高度受压边缘的距离在 $(1/2.5 \sim 1/2)h_c$；短加劲肋的最小间距为 $0.75h_1$。

成对布置的钢板横向加劲肋，外伸宽度：$b_s \geqslant h_0/30+40$；单侧布置时，外伸宽度应大于成对布置时的 1.2 倍。加劲肋厚度均不小于外伸宽度的 1/15。

在同时用横向加劲肋和纵向加劲肋的腹板中，横向加劲肋的截面尺寸除满足上述要求外，其惯性矩还应满足：$I_z \geqslant 3h_0 t_w^3$；纵向加劲肋的惯性矩应满足：当 $a/h_0 \leqslant 0.85$ 时，$I_y \geqslant 1.5h_0 t_w^3$；当 $a/h_0 > 0.85$ 时，$I_y \geqslant (2.5-0.45a/h_0)(a/h_0)^2 h_0 t_w^3$。

短加劲肋外伸宽度应取横向加劲肋的 0.7 ~ 1.0 倍，厚度也不小于其外伸宽度的 1/15。

当腹板同时用横向加劲肋和纵向加劲肋加强时，应在其相交处切断纵向加劲肋而使横向加劲肋保持连续。

为避免焊缝交叉，减小焊接应力，横向加劲肋与梁翼缘相连处应切去宽约 $b_s/3$（但不大于 40 mm）、高约 $b_s/2$（但不大于 60 mm）的切角；对直接承受动荷载的梁，中间横向加劲肋下端不应与受拉翼缘焊接，一般距受拉翼缘 50 ~ 100 mm，以避免降低受拉翼缘的疲劳强度。

（2）支承加劲肋。

承受固定集中荷载或支座反力的横向加劲肋称为支承肋。此加劲肋应在腹板两侧成对设置，应进行整体稳定和端面承压计算，因此其截面往往比中间横向加劲肋大。

支承加劲肋按轴心压杆计算其在腹板平面外的稳定性，此压杆的截面包括加劲肋以及每侧各 $15t_w\sqrt{235/f_y}$ 范围内的腹板面积，计算长度取 h_0。

支承加劲肋与腹板焊接，有时也与翼缘板焊接，则这些焊缝应按传力需要进行强度检算。

5.1.5　受弯构件的截面设计

型钢梁的设计应满足强度、刚度和整体稳定三方面要求（根据型钢截面的特点，不存在局部失稳），通常可从抗弯强度条件入手计算所需的截面模量，进行选择合适的型钢规格，之后计算考虑结构自重在内各荷载作用的梁截面内力，对所选型钢截面进行抗弯、抗剪强度检算、整体稳定检算和刚度（挠度）检算。通常，热轧普通型钢的腹板较厚，抗剪强度均能满足。

组合截面梁的设计要比型钢截面复杂得多，其设计包含以下几部分内容。

1. 截面设计

焊接组合梁截面主要尺寸包括：截面高度 h（腹板高度 h_w）、腹板厚度 t_w、翼缘宽度 b 和厚度 t_f。

（1）梁的截面高度。

确定梁的截面高度应综合考虑建筑要求、刚度条件和经济性。

建筑要求即建筑允许的最大梁高，又称建筑高度。它是指梁的底面至铺板顶面之间的高度（对公路桥梁来讲指梁底至行车面之间的高度，对铁路桥来讲指梁底至轨顶之间的高度）。它决定了梁的最大高度 h_{max}。

刚度条件是要求梁在全部荷载标准值作用下的挠度不大于容许挠度。对于给定跨度的梁来讲，荷载作用下的挠度与梁的高度密切相关，梁越高，荷载作用下的挠度也就越小；限定了最大挠度也就限定了最小梁高，因此刚度条件决定了梁的最小高度 h_{min}。

从经济条件出发，可以确定用钢量最少时对应的一个梁高，即经济梁高。

实际采用的梁高不能大于建筑高度条件限定的最大梁高 h_{max}，也不应小于由刚度条件确定的最小梁高 h_{min}，而应接近梁的经济高度。

（2）腹板厚度。

腹板厚度应满足抗剪强度的要求。初选截面时可近似假定最大剪应力为平均剪应力的1.2倍。即按下式计算：

$$\tau_{max} \approx 1.2 \frac{V_{max}}{h_w t_w} \leqslant f_v$$

由此式可得

$$t_w \geqslant 1.2 \frac{V_{max}}{h_w f_v}$$

由上式确定的腹板厚度往往偏小，考虑局部稳定和构造等因素，腹板厚度一般用下列经验公式进行估算：

$$t_w = \frac{\sqrt{h_w}}{3.5}$$

另外，为防止腹板发生焊接翘曲，腹板高厚比不得大于 $250\sqrt{235/f_y}$。

（3）翼缘尺寸。

由抗弯强度条件：$\frac{M_x}{W_x} \leqslant f$ 得 $W_x = \frac{M_x}{f}$，所以翼缘面积近似为 $A_f = \frac{W_x}{h_w} - \frac{1}{6} t_w h_w$。因为腹板尺寸前已确定，翼缘面积即可求得。

翼缘宽度一般采用 $b = (1/6 \sim 1/3)h$，b 太大将使翼缘内应力分布很不均匀，且不满足局部稳定要求；太小则对梁的整体稳定不利，应尽可能使 l_1/b 不大于规范规定的不必计算整体稳定所限定的值，使截面尽可能得到充分的利用。

翼缘板厚即可利用公式 $t = A_f/b$ 求得。

翼缘板应特别注意满足局部稳定要求。

2. 各项检算

根据初拟截面尺寸，进行截面强度验算、刚度验算、整体稳定和局部稳定的验算。

3. 变截面设置

梁的截面往往以抗弯强度控制设计，故梁截面尺寸能随弯矩在梁跨方向的变化而变化，则可节约钢材。对小跨度梁，采用变截面的经济效果不明显，故仍采用等截面设计；对大中跨径梁，改变一次截面可节约钢材 10%～15%，如再设置一次变截面，则节约钢材不多，且耗费工时成本增多，所以通常只考虑一次变截面。

梁截面变化的方式有两种：一种是变翼缘尺寸；另一种是变梁高。变翼缘尺寸可分为变翼缘宽度和变翼缘厚度两种方法。

对承受均布荷载的梁，截面改变位置在距支座 1/6 跨径处最有利，为减小应力集中，在变截面位置应以一定斜坡过渡。

4. 焊接组合梁翼缘焊缝的计算

当梁弯曲时，由于相邻截面上作用在翼缘上的弯曲正应力有差值，翼缘与腹板间将产生水平剪力，该水平剪力即由翼缘与腹板间的焊缝承受，由此设计焊缝。不过，一般按此确定的焊缝焊脚尺寸较小，焊缝焊脚尺寸常由构造要求确定。

存在局部压应力的要考虑焊缝同时受沿其长度方向和垂直于其长度方向的剪力共同作用。

5.2 习　题

5.2.1 填空题

1. 验算一跨梁的安全实用性应考虑_____、_____、_____几个方面。
2. 对构件进行正常使用极限状态计算时，受弯构件的计算内容是_____，轴心受力构件则是_____。
3. 型钢截面梁的设计一般应满足_____、_____和_____的要求；焊接组合截面梁的设计则还应满足_____的要求。
4. 梁截面高度的确定应考虑三种参考高度，是指由_____确定的_____梁高；由_____确定的_____梁高；由_____确定的_____梁高。
5. 梁腹板中，设置_____加劲肋对防止剪应力引起的局部失稳有效；设置_____加劲肋对防止弯曲正应力引起的局部失稳有效；在有较大的集中力作用的位置，可能还需设置_____加劲肋；在支座处通常需要设计_____加劲肋。

6. 规范规定：对 H 型钢或组合工字形等截面简支梁，当 l_1/b_1 小于规定限值时不需检算整体稳定，条件中 l_1 是_____，b_1 是_____。

7. 端部扭转受到约束的受弯构件在均布荷载作用下，当 $80\sqrt{235/f_y} < h_0/t_w < 170\sqrt{235/f_y}$ 时，腹板可能会在_____作用下失去局部稳定，应配置_____向加劲肋。

8. 在梁截面形式与尺寸、荷载作用形式和位置、梁端约束这些条件均确定不变的情况下，提高梁的整体稳定可采用的最有效措施是_____。

9. 对工字形截面梁，在弯矩、剪力都比较大的截面处，除了需要验算弯曲正应力和剪应力强度外，还需验算_____处的_____应力。

10. 受均布荷载作用的简支梁，如要改变截面，应在距支座约_____处改变截面较为经济。

11. 梁的正应力计算公式为：$\dfrac{M_x}{\gamma_x W_{nx}} \leq f$，式中：$\gamma_x$ 是_____，W_{nx} 是_____。

12. 对承受静力荷载或间接承受动力荷载的钢梁，允许考虑部分截面发展塑性变形，故在计算中引入_____系数。

13. 按构造要求，组合梁腹板横向加劲肋间距不得小于_____。

14. 组合梁腹板的纵向加劲肋与受压翼缘的距离应在_____之间。

15. 端部扭转受到约束的受弯构件，当腹板高厚比 $h_0/t_w \leq$ _____时，可不配置加劲肋。

16. 单向受弯梁从_____变形状态转变为_____变形状态时的现象称为整体失稳。

17. 焊接工字形等截面简支梁的 φ_b 为：$\varphi_b = \beta_b \dfrac{4320}{\lambda_y^2} \dfrac{Ah}{W_x}\left[\sqrt{1+\left(\dfrac{\lambda_y t_1}{4.4h}\right)^2}+\eta_b\right] \times \dfrac{235}{f_y}$，$\beta_b$ 考虑的是_____，η_b 考虑的是_____，λ_y 是_____，W_x 是_____。

18. 影响钢梁整体稳定的主要因素有_____、_____、_____。

19. 工字形截面的钢梁翼缘的宽厚比限值是根据_____条件确定的，钢压杆翼缘的宽厚比限值则是根据条件_____确定的。

20. 设计支承加劲肋时应对其进行_____、_____、_____计算。

21. 对直接承受动荷载的梁，中间横向加劲肋下端不应与受拉翼缘焊接，原因是_____ _____。

22. 当荷载作用在梁的_____翼缘时，梁整体稳定性较高。

23. 当梁整体稳定系数 $\varphi_b > 0.6$ 时，材料进入_____工作阶段，这时，梁的整体稳定系数应采用_____。

5.2.2 选择题

1. 计算梁的（   ）时，应采用净截面的几何参数。

   A. 正应力　　　　B. 挠度　　　　　　C. 整体稳定　　　　D. 局部稳定

第5章 受弯构件——梁

2. 钢结构梁计算公式 $\sigma = \dfrac{M_x}{\gamma_x W_{nx}}$ 中 γ_x（　　）。
   A. 与材料强度有关　　　　　　　　　B. 是极限弯矩与边缘屈服弯矩之比
   C. 表示截面部分进入塑性　　　　　　D. 与梁所受荷载有关

3. 在充分发挥材料强度的前提下，Q235 钢梁的最小高度 h_{min}（　　）Q345 钢梁的 h_{min}。（其他条件均相同）。
   A. 大于　　　　　B. 小于　　　　　C. 等于　　　　　D. 不确定

4. 梁的最小高度是由（　　）控制的。
   A. 强度　　　　　B. 建筑要求　　　　C. 刚度　　　　　D. 整体稳定

5. 单向受弯梁失去整体稳定时是（　　）形式的失稳。
   A. 弯曲　　　　　B. 扭转　　　　　C. 弯扭　　　　　D. 双向弯曲

6. 为了提高梁的整体稳定性，（　　）是最经济有效的办法。
   A. 增大截面　　　　　　　　　　　　B. 增加侧向支撑点，减小 l_1
   C. 设置横向加劲肋　　　　　　　　　D. 改变荷载作用的位置

7. 当梁上有固定较大集中荷载作用时，其作用点处应（　　）。
   A. 设置纵向加劲肋　　　　　　　　　B. 设置横向加劲肋
   C. 设支承加劲肋　　　　　　　　　　D. 增加翼缘的厚度

8. 焊接组合梁腹板中，布置横向加劲肋对防止（　　）引起的局部失稳最有效，布置纵向加劲肋对防止（　　）引起的局部失稳最有效。
   A. 剪应力　　　　B. 弯曲应力　　　C. 复合应力　　　D. 局部压应力

9. 确定梁的经济高度的原则是（　　）。
   A. 制造时间最短　　　　　　　　　　B. 用钢量最省
   C. 最便于施工　　　　　　　　　　　D. 免于变截面的麻烦

10. 当梁整体稳定系数 $\varphi_b > 0.6$ 时，用 φ'_b 代替 φ_b 主要是因为（　　）。
    A. 梁的局部稳定有影响　　　　　　　B. 梁已进入弹塑性阶段
    C. 梁发生了弯扭变形　　　　　　　　D. 梁的强度降低了

11. 分析焊接工字形钢梁腹板局部稳定时，腹板与翼缘相接处可简化为（　　）。
    A. 自由边　　　　　　　　　　　　　B. 简支边
    C. 固定边　　　　　　　　　　　　　D. 有转动约束的支承边

12. 梁的支承加劲肋应设置在（　　）。
    A. 弯曲应力大的区段　　　　　　　　B. 剪应力大的区段
    C. 有固定集中荷载作用的部位　　　　D. 吊车轮压的部位

13. 双轴对称工字形截面梁，经验算，其强度和刚度正好满足要求，而腹板在弯曲应力作用下有发生局部失稳的可能。在其他条件不变的情况下，宜采用下列方案中的（　　）。
    A. 增加梁腹板的厚度　　　　　　　　B. 降低梁腹板的高度
    C. 改用强度高的材料　　　　　　　　D. 设置侧向支承

14. 防止梁腹板发生局部失稳，常采取加劲措施，这是为了（　　）。
    A. 增加梁截面的惯性矩　　　　　　　B. 增加截面面积
    C. 改变构件的应力分布状态　　　　　D. 改变边界约束和板件的宽厚比

15. 工字形钢梁腹横截面上的剪应力分布应为下图所示的哪种图形？（   ）

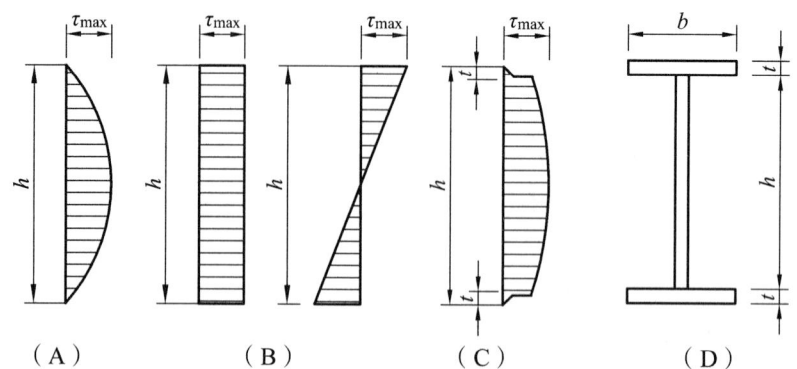

16. 双轴对称工字形截面梁，截面形状如图 5.10 所示，在弯矩和剪力共同作用下，关于截面中应力的说法正确的是（   ）。

    A. 弯曲正应力最大的点是 3 点

    B. 剪应力最大的点是 2 点

    C. 折算应力最大的点是 1 点

    D. 折算应力最大的点是 2 点

17. 焊接工字形截面梁腹板配置横向加劲肋的目的是（   ）。

    A. 提高梁的抗弯强度   B. 提高梁的抗剪强度

    C. 提高梁的整体稳定性   D. 提高梁的局部稳定性

图 5.10

18. 在简支钢板梁桥中，当跨中已有横向加劲，但腹板在弯矩作用下局部稳定不足，需采取加劲构造。以下考虑的加劲形式哪项正确？（   ）

    A. 横向加劲加密   B. 纵向加劲，设置在腹板上半部

    C. 纵向加劲，设置在腹板下半部   D. 加厚腹板

19. 在梁的整体稳定计算中，$\varphi_b' = 1$ 说明所设计梁（   ）。

    A. 处于弹性工作阶段   B. 不会丧失整体稳定

    C. 梁的局部稳定必定满足要求   D. 梁不会发生强度破坏

20. 梁受固定集中荷载作用，当局部压应力不能满足要求时，采用（   ）是较合理的措施。

    A. 加厚翼缘   B. 在集中荷载作用处设支承加劲肋

    C. 增加横向加劲肋的数量   D. 加厚腹板

21. 验算工字形截面梁的折算应力，公式为：$\sqrt{\sigma^2 + 3\tau^2} \leq \beta_1 f$，式中 σ、τ 应为（   ）。

    A. 验算截面中的最大正应力和最大剪应力

    B. 验算截面中的最大正应力和验算点的剪应力

    C. 验算截面中的最大剪应力和验算点的正应力

    D. 验算截面中验算点的正应力和剪应力

22. 工字形梁受压翼缘宽厚比限值为：$\dfrac{b_1}{t} \leq 15\sqrt{\dfrac{235}{f_y}}$，式中 b_1 为（   ）。

    A. 受压翼缘板外伸宽度   B. 受压翼缘板全部宽度

C. 受压翼缘板全部宽度的 $\frac{1}{3}$ D. 受压翼缘板的有效宽度

23. 跨中不便设置侧向支承的组合梁，当验算整体稳定不足时，宜采用（   ）。
    A. 加大梁的截面面积   B. 加大梁的高度
    C. 加大受压翼缘板的宽度   D. 加大腹板的厚度

24. 下列哪种梁的腹板计算高度可取等于腹板的实际高度（   ）。
    A. 热轧型钢梁   B. 冷弯薄壁型钢梁
    C. 焊接组合梁   D. 铆接组合梁

25. 如图 5.11 所示槽钢檩条的强度按公式 $\dfrac{M_x}{\gamma_x W_{nx}} + \dfrac{M_y}{\gamma_y W_{ny}} \leqslant f$ 计算时，计算的位置是（   ）。
    A. a 点   B. b 点   C. c 点   D. d 点

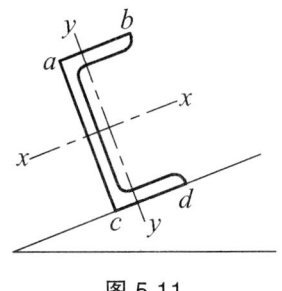

图 5.11

26. 下图所示钢梁，因整体稳定要求，需在跨中设侧向支承，其位置是（   ）为最佳方案。

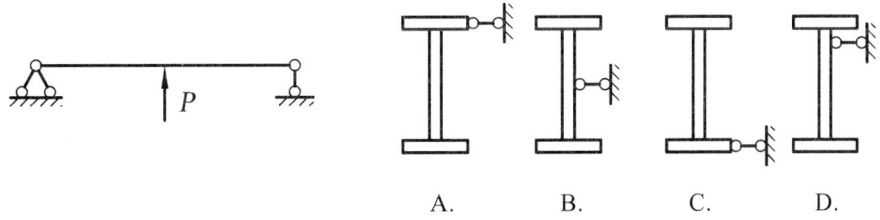

27. （   ）对提高工字形截面的整体稳定性作用最小。
    A. 增加腹板厚度   B. 约束梁端扭转
    C. 设置平面外支承   D. 加宽梁翼缘

28. 约束扭转使梁截面上（   ）。
    A. 只产生正应力   B. 只产生剪应力
    C. 产生正应力和剪应力   D. 不产生任何应力

29. 焊接工字形截面简支梁，（   ）时，整体稳定性最好。
    A. 加强受压翼缘   B. 加强受拉翼缘
    C. 双轴对称   D. 梁截面沿长度变化

30. 下图所示各简支梁，除截面放置和荷载作用位置有所不同以外，其他条件均相同，则（   ）的整体稳定性为最好，（   ）最差。

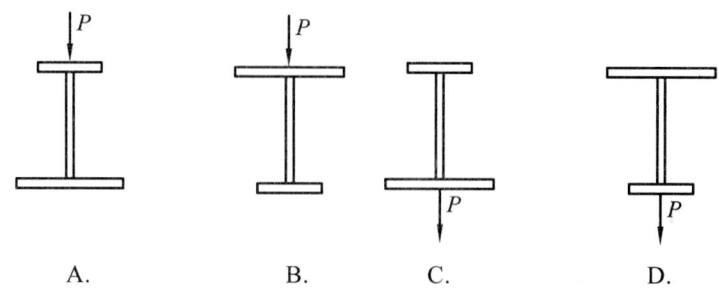

A.   B.   C.   D.

31. 对同一根梁，当作用不同荷载时，出现下图所示的 4 种弯矩（图中各 M 值相等），则（　　）最先出现整体失稳，（　　）最后出现整体失稳。

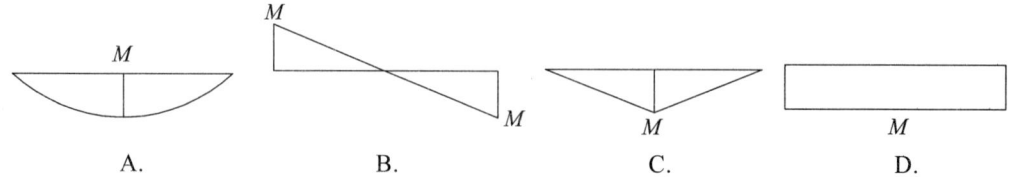

A.   B.   C.   D.

32. 为了提高荷载作用在上翼缘的简支工字形梁的整体稳定性，可在梁的（　　）加侧向支撑，以减小梁出平面的计算长度。

    A. 梁腹板高度的 $\dfrac{1}{2}$ 处   B. 靠近梁下翼缘的腹板 $\left(\dfrac{1}{5} \sim \dfrac{1}{4}\right) h_0$ 处

    C. 靠近梁上翼缘的腹板 $\left(\dfrac{1}{5} \sim \dfrac{1}{4}\right) h_0$ 处   D. 受压翼缘处

33. 配置加劲肋提高梁腹板局部稳定承载力，当 $\dfrac{h_0}{t_w} > 170 \sqrt{\dfrac{235}{f_y}}$ 时（　　）。

    A. 可能发生剪切失稳，应配置横向加劲肋

    B. 只可能发生弯曲失稳，应配置纵向加劲肋

    C. 应同时配置纵向和横向加劲肋

    D. 增加腹板厚度才是最合理的措施

34. 单向弯曲梁的正应力计算公式为：$\sigma = \dfrac{M_x}{\gamma_x W_{nx}} \leqslant f$，式中 γ_x 为塑性发展系数，对于承受静力荷载且梁受压翼缘的自由外伸宽度与厚度之比 $\leqslant$（　　）时才能考虑 $\gamma_x > 1.0$。

    A. $15\sqrt{235/f_y}$ B. $9\sqrt{235/f_y}$

    C. $(10+0.1\lambda)\sqrt{235/f_y}$ D. $13\sqrt{235/f_y}$

35. 计算梁的整体稳定性时，当整体稳定性系数 φ_b 大于（　　）时，应以 φ_b'（弹塑性工作阶段整体稳定系数）代替 φ_b。

    A. 0.8   B. 0.7   C. 0.6   D. 0.5

36. 对于组合梁的腹板，若 $h_0/t_w = 100\sqrt{235/f_y}$，按要求应（　　）。

    A. 无需配置加劲肋   B. 配置横向加劲肋

    C. 配置纵向、横向加劲肋   D. 配置纵向、横向和短加劲肋

37. 当无集中荷载作用时，焊接工字形截面梁翼缘与腹板的焊缝主要承受（　　）。

第 5 章 受弯构件——梁

A. 竖向剪力
B. 竖向剪力及水平剪力联合作用
C. 水平剪力
D. 压力

38. 工字形截面梁受压翼缘，保证局部稳定的宽厚限值，对 Q235 钢为 $\frac{b_1}{t} \leq 15$，对 Q345 钢，此宽厚比限值应（　　）。

A. 比 15 更小
B. 仍等于 15
C. 比 15 更大
D. 可能大于 15，也可能小于 15

39. 在确定普通梁的横向加劲肋间距 a 时采用公式 $\left(\dfrac{\sigma}{\sigma_{cr}}\right)^2 + \left(\dfrac{\tau}{\tau_{cr}}\right)^2 \leq 1$，式中最直接与间距 a 有关的是（　　）。

A. σ
B. τ
C. σ_{cr}
D. τ_{cr}

40. 计算直接承受动力荷载的工字形截面梁抗弯强度时，γ_x 取值为（　　）。

A. 1.0
B. 1.05
C. 1.15
D. 1.2

41. 下列梁中不必验算整体稳定的是（　　）。

A. 焊接工字形截面梁
B. 箱形截面梁
C. 型钢梁
D. 有刚性铺板的梁

42. 四边支承薄板在纯剪作用下的板的屈曲形式是下图中的（　　）。

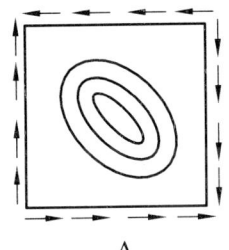
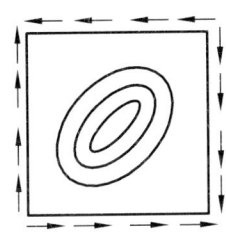
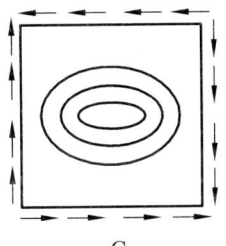
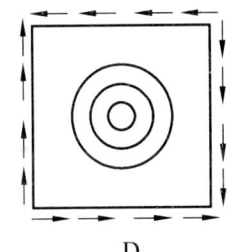

A.　　　　　　　B.　　　　　　　C.　　　　　　　D.

43. 对支承加劲肋进行稳定计算时，计算面积应包括加劲肋两侧一定范围内的腹板截面，该范围是（　　）。

A. $15t_w\sqrt{235/f_y}$
B. $13t_w\sqrt{235/f_y}$
C. $5t_w\sqrt{235/f_y}$
D. $10t_w\sqrt{235/f_y}$

5.2.3 简 答 题

1. 梁在进行抗弯强度计算时为什么要引入塑性发展系数 γ_x，该系数什么时候大于 1，什么时候等于 1？
2. 什么叫钢梁丧失整体稳定？影响钢梁整体稳定的主要因素是什么？提高钢梁整体稳定性的有效措施有哪些？
3. 什么叫钢梁丧失局部稳定，请绘图说明翼缘板和腹板的局部失稳形式，并根据不同的失稳形式说明采取什么措施加以保证。
4. 怎样验算组合截面梁腹板的局部稳定？
5. 组合截面梁腹板配置加肋的原则有哪些？这些原则是根据什么因素决定的？

6. 对组合截面梁腹板加劲肋有哪些构造和计算要求？

7. 什么是腹板的屈曲后强度？利用腹板的屈曲后强度有何好处？什么情况下可以利用？

8. 简述焊接组合工字形截面钢梁的截面设计步骤。

9. 为什么跨度较大的钢板梁要采用变截面？如何实现梁截面沿跨径方向的改变？

10. 工字形截面钢板梁的翼缘焊缝主要传递哪些应力？如何计算这些应力？

11. 一工字形组合截面钢梁，其尺寸和受力如图 5.12 所示。为保证腹板的局部稳定，请在梁段腹板上布置加劲肋，并说明理由。已知其腹板的高厚比 $h_0/t_w > 170\sqrt{\dfrac{235}{f_y}}$。

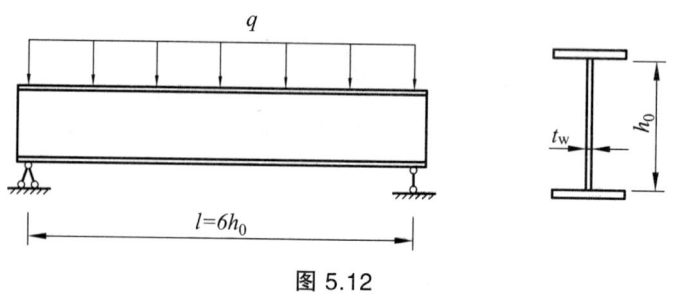

图 5.12

5.2.4 计算题

1. 如图 5.13 所示简支梁，不计自重，Q235 钢，密铺板牢固连接于上翼缘，均布活荷载标准值为 18 kN/m，荷载分项系数为 1.4，$f = 215$ N/mm², $\gamma_x = 1.05$。问是否满足强度和刚度要求，并判断是否需要进行梁的整体稳定验算。已知：$[v_Q] = \dfrac{l}{500}$，$v = \dfrac{5ql^4}{384EI_x}$，$E = 2.06 \times 10^5$ N/mm²。

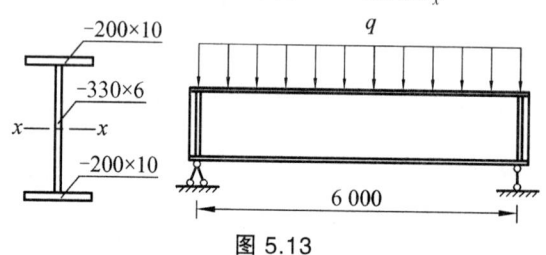

图 5.13

2. 如图 5.14 所示工字形截面悬臂钢梁，跨径 4 m，承受静力均布荷载设计值 $q = 35$ kN/m，截面无削弱，计算时忽略自重，钢材为 Q235B，试验算此梁的强度。$I_x = 2.95 \times 10^8$ mm⁴，$S_x = 6.63 \times 10^5$ mm³，$\gamma_x = 1.05$，$f = 215$ N/mm²，$f_v = 125$ N/mm²。

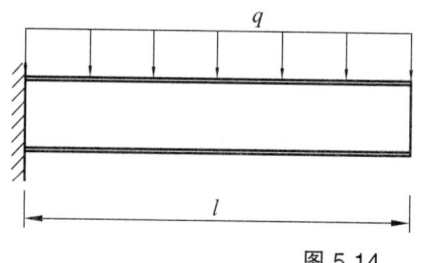 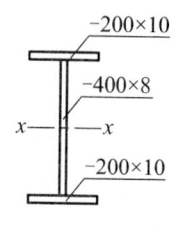

图 5.14

3. 选择 Q235 工字钢 I 32a，用于跨度 l = 6 m，均布荷载作用的简支梁（不计自重），梁无侧向支承。允许挠度 $[v_Q] = \dfrac{l}{500}$，$v = \dfrac{5ql^4}{384EI_x}$，$E = 2.06 \times 10^5 \text{ N/mm}^2$，荷载分项系数为 1.4，求梁能承受的最大设计荷载。（$f_y = 235 \text{ N/mm}^2$，$f = 215 \text{ N/mm}^2$，I 32a：$I_x = 11\,080 \text{ cm}^4$，$S_x = 397 \text{ cm}^3$，$t_w = 0.95 \text{cm}$，$\gamma_x = 1.05$，弯矩绕 x 轴）

4. 如图 5.15 所示工字形简支主梁，材料为 Q235 钢，$f = 215 \text{ N/mm}^2$，$f_v = 125 \text{ N/mm}^2$，承受两个次梁传来的集中力 $P = 250 \text{ kN}$ 作用（设计值），次梁作为主梁的侧向支承，不计主梁自重，$\gamma_x = 1.05$。

要求：（1）验算主梁的强度；（2）判别梁的整体稳定性是否需要验算。

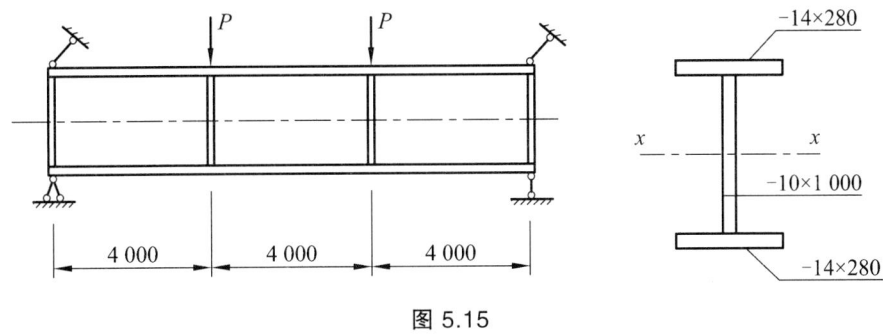

图 5.15

5. 如图 5.16 所示，等截面简支梁跨径 5.5 m，跨中无侧向支承点，上翼缘均布荷载设计值 $q = 280 \text{ kN/m}$，Q235 钢。已知：$A = 172 \text{ cm}^2$，$y_1 = 41 \text{ cm}$，$y_2 = 62 \text{ cm}$，$I_x = 2.84 \times 10^5 \text{ cm}^4$。试验算梁的整体稳定性。

提示：$\varphi_b = \beta_b \dfrac{4\,320}{\lambda_y^2} \dfrac{Ah}{W_x} \left[\sqrt{1 + \left(\dfrac{\lambda_y t_1}{4.4h} \right)^2} + \eta_b \right] \dfrac{235}{f_y}$

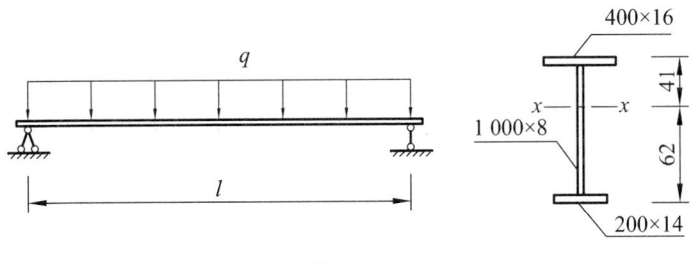

图 5.16

6. 如图 5.17 所示，焊接工字形等截面简支梁跨径 10m，跨中集中荷载 $P = 450 \text{ kN}$（设计值），自重不计，钢材 Q235，跨中有一侧向支承，已知：$I_x = 263\,279 \text{ cm}^4$，$I_y = 3\,646 \text{ cm}^4$，$f = 215 \text{ N/mm}^2$，试验算其整体稳定性。

7. 一简支钢梁的钢材为 Q235B，$f = 215 \text{ N/mm}^2$，$f_v = 125 \text{ N/mm}^2$，梁截面尺寸如图 5.18 所示，支承反力 $R = 200 \text{ kN}$，试设计支承加劲肋（加劲肋采用为焰切割，与梁腹板焊接）。

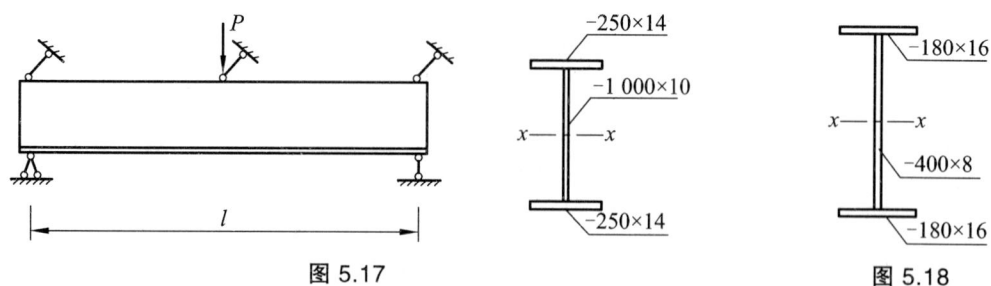

图 5.17 　　　　　　　　　图 5.18

习题答案

5.2.1　填空题

1. 强度，稳定，刚度

2. 挠度，长细比

3. 强度，刚度，整体稳定，局部稳定

4. 建筑允许高度，最大，刚度条件，最小，经济条件，经济

5. 横向，纵向，短，支承

6. 受压翼缘的自由长度，受压翼缘的宽度

7. 剪应力，横

8. 在受压翼缘上增加侧向约束

9. 翼缘与腹板相交，折算

10. $l/6$（l 为梁的计算跨径）

11. 塑性发展系数，净截面模量

12. 塑性发展

13. $0.5h_0$

14. $\left(\dfrac{1}{2.5} \sim \dfrac{1}{2}\right)h_c$ 或 $\left(\dfrac{1}{5} \sim \dfrac{1}{4}\right)h_0$

15. $170\sqrt{\dfrac{235}{f_y}}$

16. 弯矩平面内的弯曲，弯矩平面外的弯扭

17. 非纯弯荷载等效为纯弯荷载的系数，截面的不对称性影响。梁在侧向支承点间对截面弱轴（y 轴）的长细比，与最大压应力对应的毛截面模量

18. 截面形式与尺寸、荷载类型与作用位置、梁端约束及受压翼缘的侧向约束

19. $\sigma_{cr,局} \geqslant f_y$，$\sigma_{cr,局} \geqslant \sigma_{cr,整}$

20. 局部承压强度、整体稳定、与腹板的连接焊缝强度

21. 以免降低受拉翼缘的疲劳性能

22. 受拉

23. 弹塑性，修正公式

5.2.2 选择题

1	2	3	4	5	6	7	8	9	10	11	12	13	14	15	16
A	C	C	C	C	B	C	A/B	B	B	D	C	D	D	D	D
17	18	19	20	21	22	23	24	25	26	27	28	29	30	31	32
D	B	B	B	D	A	C	C	B	C	A	A	D/A	D/B	D
33	34	35	36	37	38	39	40	41	42	43					
C	D	C	B	C	A	D	A	D	A	A					

5.2.3 简答题

1. 在计算梁的抗弯强度时,考虑材料发展塑性比不考虑节省钢材,但也不能让全部截面材料发展为塑性形成塑性铰,因为这样会导致梁的挠度过大、受压翼缘过早丧失稳定或翼缘和腹板相交处的折算应力过大等问题。因此,只能考虑部分截面发展塑性,故引入塑性发展系数 γ_x。

静力荷载作用或间接承受动力荷载作用时,若钢梁受压翼缘自由外伸宽度与厚度之比 $h_0/t_w \leq 13\sqrt{235/f_y}$,则 $\gamma_x > 1$;若为避免梁在失去强度前受压翼缘局部失稳而要求 $13\sqrt{235/f_y} \leq h_0/t_w \leq 15\sqrt{235/f_y}$ 时,$\gamma_x = 1$,还有直接承受动力荷载且需要计算疲劳时,γ_x 也等于 1。

2. 钢梁截面一般高而窄,侧向刚度较小,如果梁侧向支承间距较大或无侧向支承,当其在最大刚度主平面内承受的横向荷载或弯矩作用达到一定数值时,钢梁将突然产生侧向弯曲,同时伴随发生扭转,丧失承载能力,这种现象叫做钢梁丧失整体稳定或钢梁侧向弯扭屈曲,或称钢梁侧扭屈曲。

影响梁整体稳定的主要因素有:

(1)梁的截面形状和尺寸,即梁的侧向抗弯刚度 EI_y、抗扭刚度 GI_t 越大,临界弯矩 M_{cr} 越大。

(2)荷载的种类和荷载作用位置。荷载产生的弯矩图越饱满(越接近纯弯曲时的弯矩图),临界弯矩 M_{cr} 越小,纯弯曲时的 M_{cr} 最小;荷载作用于下翼缘比作用于上翼缘时梁的临界弯矩 M_{cr} 要大。

(3)梁受压翼缘的自由长度 l_1 越小,即受压翼缘侧向支承点间距越小,临界弯矩 M_{cr} 越大;另外,梁端支座对截面的扭转约束越强,临界弯矩 M_{cr} 越大。

提高钢梁整体稳定的主要措施有:① 加大梁的截面尺寸(主要是加大受压翼缘的宽度),以提高其侧向抗弯刚度和抗扭刚度;② 增大梁的约束,如增加受压翼缘的侧向支承点以减小其侧向自由长度 l_1 等。

3. 梁截面通常由钢板组成,如果钢板的宽度与厚度之比太大,在一定荷载条件下,钢板出现波浪形的鼓曲变形,这种现象为梁的局部失稳。翼缘板在接近于均匀的压应力状态下自由边发生波形变形,如图(a)所示。腹板则可能在弯曲正应力作用下受压区出现波形鼓曲,如图(b)所示;或在剪应力作用下出现约 45°方向倾斜的波形鼓曲,如图(c)所示;或在局部压应力作用下在靠近压应力作用边缘的鼓曲,如图(d)所示。

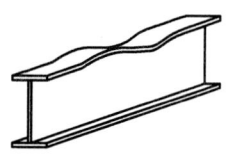  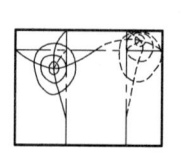 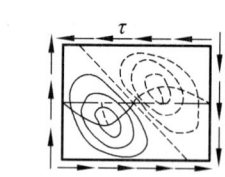 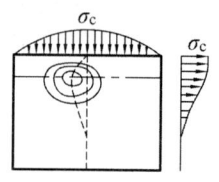

（a）受压翼缘失稳　　（b）腹板在弯曲正应力失稳　　（c）腹板剪应力失稳　　（d）腹板局部压应力失稳

对受压翼缘板，通过限制其宽厚比保证其局部稳定性。

对腹板，根据其高厚比设置相应的加劲肋并进行相关检算以保证其局部稳定性。

（1）当 $h_0/t_w \leqslant 80\sqrt{235/f_y}$ 时，对有局部压应力的梁，应按构造配置横向加劲肋；对无局部压应力的梁，可不配置加劲肋。

（2）当 $80\sqrt{235/f_y} < h_0/t_w \leqslant 170\sqrt{235/f_y}$（受压翼缘扭转受到约束）或 $150\sqrt{235/f_y}$（受压翼缘扭转未受到约束）时，应按计算配置横向加劲肋。

（3）当 $h_0/t_w > 170\sqrt{235/f_y}$ 或 $150\sqrt{235/f_y}$ 时，应按计算配置横向加劲肋并在受压区配置纵向加劲肋，必要时还应在受压区配置短加劲肋。

（4）梁的支座和上翼缘受有较大固定集中荷载处宜设置支承加劲肋。

4. 当 $h_0/t_w > 80\sqrt{235/f_y}$ 时应在腹板上设置相应的加劲肋，并对其稳定进行计算。

（1）当仅配置横向加劲肋时，腹板各区格的稳定应按下式计算：

$$\left(\frac{\sigma}{\sigma_{cr}}\right)^2 + \left(\frac{\tau}{\tau_{cr}}\right)^2 + \frac{\sigma_c}{\sigma_{c,cr}} \leqslant 1$$

式中　σ——所计算腹板区格内，由平均弯矩产生的腹板计算高度边缘的弯曲压应力；

τ——所计算腹板区格内，由平均剪力产生的腹板平均剪应力，$\tau = V/(h_w t_w)$；

σ_c——腹板计算高度边缘的局部压应力，计算中取 $\psi = 1.0$；

$\sigma_{cr}, \sigma_{c,cr}, \tau_{cr}$——各种应力单独作用下的临界应力。

（2）当同时配置横向加劲肋和纵向加劲肋时，腹板各区格的稳定应按下式计算。

① 对受压翼缘与纵向加劲肋之间的区格：

$$\frac{\sigma}{\sigma_{cr1}} + \left(\frac{\tau}{\tau_{cr1}}\right)^2 + \left(\frac{\sigma_c}{\sigma_{c,cr1}}\right)^2 \leqslant 1$$

② 对受拉翼缘与纵向加劲肋之间的区格：

$$\left(\frac{\sigma_2}{\sigma_{cr2}}\right)^2 + \left(\frac{\tau_2}{\tau_{cr2}}\right)^2 + \frac{\sigma_{c2}}{\sigma_{c,cr2}} \leqslant 1$$

（3）当在受压翼缘与纵向加劲肋设短加劲肋时，被受压翼缘、纵向加劲肋、短加劲肋围成的区格的稳定应按下式计算：

$$\frac{\sigma}{\sigma_{cr1}} + \left(\frac{\tau}{\tau_{cr1}}\right)^2 + \left(\frac{\sigma_c}{\sigma_{c,cr1}}\right)^2 \leqslant 1$$

第 5 章 受弯构件——梁

5. 组合截面梁腹板配置加劲肋的主要原则有:

（1）根据腹板在纯剪应力作用下的稳定分析可知，当 $h_0/t_w \leqslant 80\sqrt{235/f_y}$ 时，腹板不会发生局部失稳；同时根据腹板在局部压应力作用下的稳定分析可知，当 $h_0/t_w \leqslant 84\sqrt{235/f_y}$ 时，腹板不会发生局部失稳。因此规范统一考虑这两种情况后规定：当 $h_0/t_w \leqslant 80\sqrt{235/f_y}$ 时，对有局部压应力的梁，应按构造配置横向加劲肋；对无局部压应力的梁，可不配置加劲肋。

（2）根据腹板在弯曲正应力作用下的稳定分析可知，当 $h_0/t_w > 170\sqrt{235/f_y}$（受压翼缘扭转受到约束）或 $150\sqrt{235/f_y}$（受压翼缘扭转未受到约束）时腹板才会因弯曲正应力发生局部失稳。因此规范规定：当 $h_0/t_w > 170\sqrt{235/f_y}$ 或 $150\sqrt{235/f_y}$ 时，应按计算配置横向加劲肋并在受压区配置纵向加劲肋，必要时还应在受压区配置短加劲肋。

（3）当 $80\sqrt{235/f_y} < h_0/t_w \leqslant 170\sqrt{235/f_y}$（受压翼缘扭转受到约束）或 $150\sqrt{235/f_y}$（受压翼缘扭转未受到约束）时，腹板会因剪应力发生局部失稳，不会因弯曲正应力发生局部失稳，故应按计算配置横向加劲肋，但不需配置纵向加劲肋。

（4）梁的支座和上翼缘受有较大固定集中荷载处宜设置支承加劲肋，靠支承加劲肋传递集中荷载，避免腹板上出现较大的局部压应力，保证腹板的稳定。

6. 加劲肋的构造和计算要求有：

（1）中间加劲肋。

焊接梁的加劲肋一般采用钢板，并在腹板两侧成对布置，有时也可单侧布置。

横向加劲肋的间距应按腹板稳定的需要计算确定，但其最小间距为 $0.5h_0$，最大间距为 $2h_0$（对无局部压应力的梁，当 $h_0/t_w \leqslant 100$ 时，可采用 $2.5h_0$）；纵向加劲肋至腹板计算高度受压边缘的距离在 $(1/2.5\sim1/2)h_c$；短加劲肋的最小间距为 $0.75h_1$。

成对布置的钢板横向加劲肋，外伸宽度：$b_s \geqslant h_0/30+40$；单侧布置时，外伸宽度应大于成对布置时的 1.2 倍。加劲肋厚度均不小于外伸宽度的 1/15。

在同时用横向加劲肋和纵向加劲肋的腹板中，横向加劲肋的截面尺寸除满足上述要求外，其惯性矩还应满足：$I_z \geqslant 3h_0 t_w^3$；纵向加劲肋的惯性矩应满足：当 $a/h_0 \leqslant 0.85$ 时，$I_y \geqslant 1.5h_0 t_w^3$；当 $a/h_0 > 0.85$ 时，$I_y \geqslant (2.5-0.45a/h_0)(a/h_0)^2 h_0 t_w^3$。

短加劲肋外伸宽度应取横向加劲肋的 $0.7\sim1.0$ 倍，厚度也不小于其外伸宽度的 1/15。

当腹板同时用横向加劲肋和纵向加劲肋加强时，应在其相交处切断纵向加劲肋而使横向加劲肋保持连续。

为避免焊缝交叉，减小焊接应力，横向加劲肋与梁翼缘相连处应切去宽约 $b_s/3$（但不大于 40 mm）、高约 $b_s/2$（但不大于 60 mm）的切角；对直接承受动荷载的梁，中间横向加劲肋下端不应与受拉翼缘焊接，一般距受拉翼缘 $50\sim100$ mm，以避免降低受拉翼缘的疲劳强度。

（2）支承加劲肋。

支承加劲肋应在腹板两侧成对设置，应进行整体稳定和端面承压计算。

支承加劲肋需要按压杆计算腹板平面外的稳定性，此时，压杆的截面包括加劲肋以及每侧各 $15t_w\sqrt{235/f_y}$ 范围内的腹板面积，计算长度取 h_0。

支承加劲肋与受压翼缘板之间应磨光顶紧。

7. 对于组合截面梁的腹板，可视为支承于上下翼缘和左右两侧横向加劲肋之间的四边支承板。如果支承强,当腹板屈曲发生鼓曲变形时会受到四边支承的约束而产生拉应力,使梁能继续承受更大的荷载,直至腹板屈服或四边支承破坏,这就是腹板的屈曲后强度。利用腹板的屈曲后强度可放宽腹板的高厚比限值,从而节省加劲肋用量。我国钢结构设计规范规定:对于承受静力荷载和间接承受动力荷载的组合截面梁可按腹板屈曲后强度进行设计。

8. 组合截面梁的截面设计一般按以下步骤进行:

(1) 拟定截面高度。

确定梁的截面高度应综合考虑建筑要求、刚度条件和经济性。

建筑高度,即按建筑要求确定的梁底至铺板顶面之间的最大允许高度。它决定了截面的最大梁高 $h_{\max}$。

刚度条件即要求梁在相应的荷载标准值作用下其挠度不大于容许值。刚度条件决定了梁的最小高度 $h_{\min}$。

从经济条件出发,可以确定用钢量最少时对应的梁高,即经济梁高。

实际采用的梁高不能大于建筑高度限定的最大梁高 $h_{\max}$,也不应小于刚度条件确定的最小梁高 $h_{\min}$,且应接近梁的经济高度。

(2) 拟定腹板厚度。

腹板厚度应满足抗剪强度的要求。初选截面时可近似假定最大剪应力为平均剪应力的1.2倍。即按下式计算:$\tau_{\max} \approx 1.2 \frac{V_{\max}}{h_w t_w} \leq f_v$,由此式可得:$t_w \geq 1.2 \frac{V_{\max}}{h_w f_v}$。由此确定的腹板厚度往往偏小,考虑局部稳定和构造等因素,腹板厚度一般用经验公式进行估算:$t_w = \frac{\sqrt{h_w}}{3.5}$。

另外:为防止腹板发生焊接翘曲,腹板高厚比不得大于 $250\sqrt{235/f_y}$。

(3) 拟定翼缘尺寸。

由抗弯强度条件:$\frac{M_x}{W_x} \leq f$ 得 $W_x = \frac{M_x}{f}$,所以翼缘面积近似为 $A_f = \frac{W_x}{h_w} - \frac{1}{6} t_w h_w$。因为腹板尺寸前已确定,翼缘面积即可求得。

翼缘宽度一般采用 $b = (1/6 \sim 1/3)h$,b 太大将使翼缘内应力分布很不均匀,且不满足局部稳定要求;太小则对梁的整体稳定不利,应尽可能使 l_1/b 不大于规范规定的不必计算整体稳定所限定的值,使截面尽可能得到充分的利用。

翼缘板厚即可利用公式 $t = A_f/b$ 求得。

翼缘板应特别注意需要满足局部稳定的要求。

9. 梁的截面往往以抗弯强度控制设计,故梁截面尺寸能随弯矩在梁跨方向的变化而变化,使材料均能更充分发挥其强度,可节约钢材,有明显的经济效益。对大中跨径梁,改变一次截面可节约钢材 10%~15%。

梁截面变化的方式有两种:一种是变翼缘尺寸;另一种是变梁高。变翼缘尺寸可分为变翼缘宽度和变翼缘厚度两种方法。

10. 工字形截面钢板梁弯曲时,由于不同位置的截面上作用在翼缘上的弯曲正应力有差值,因此翼缘与腹板间将产生水平剪力(见下图),该水平剪力即由翼缘与腹板间的焊缝承受,因此焊缝上产生沿焊缝长度方向的水平剪应力。

第 5 章 受弯构件——梁

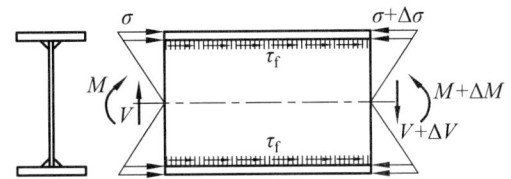

此水平剪应力的计算采用如下公式：

$$\tau_f = \frac{VS_1}{(2\times 0.7 h_f)I_x}$$

当梁翼缘有集中力 F 作用时，焊缝还要承受垂直于其长度方向的局部应力。计算采用如下公式：

$$\sigma_f = \frac{\varphi F}{(2\times 0.7 h_f)l_z}$$

当上述两项应力都存在时，焊缝强度应满足：

$$\sqrt{\left(\frac{\sigma_f}{\beta_f}\right)^2 + \tau_f^2} \leqslant f_f^w$$

11. 在支座支承处存在较大支反力，因此该处腹板上应对称布置支承加劲肋，支承加劲肋下缘应磨光并与梁下翼缘板顶紧；因腹板高厚比大于 $170\sqrt{235/f_y}$，腹板在弯曲正应力和剪应力作用下均可能发生失稳，因此应布置横向加劲肋和纵向加劲肋。单按构造要求设计：横向、纵向加劲肋均关于腹板成对对称布置，且横向加劲肋至少布置 2 道，保证其间距不大于 $2h_0$；纵向加劲肋布置于腹板中上部，距上翼缘（1/5~1/4）h_0 处。

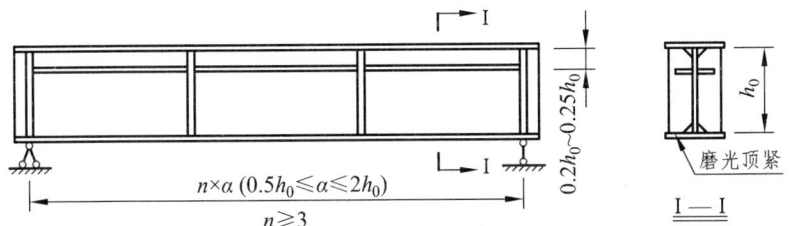

5.2.4 计算题

1. 解：

分析：该题是最典型且基本的受弯构件检算，包括强度、刚度和整体稳定。一般强度计算包括弯曲正应力、剪应力、局部压应力和折算应力，但对本题中均布荷载作用的等截面简支梁，其强度仅需计算弯曲正应力和剪应力；因在支座处腹板上设置有支承加劲肋，故不必检算局部压应力；因采用等截面设计，又没有局部压应力，故一般不检算折算应力。刚度检算即计算梁的挠度，可直接采用力学公式，但刚度检算属于正常使用极限状态内容，相应的荷载应取标准值，而非设计值。稳定的计算中首先应进行判断，即根据结构构件的构造情况评判梁的稳定性是否需要计算确定，对于有密铺板牢固连接于上翼缘的简支梁，因受压翼缘的侧向变形受到了约束，无法发生，故梁的整体稳定性好，不必计算。

(1) 梁截面内力计算。

对均布荷载作用的简支梁，跨中截面剪力为零，弯矩最大：

$$M = \gamma \times \frac{1}{8}ql^2 = 1.4 \times \frac{1}{8} \times 18 \times 6^2 = 113.4 \text{ (kN·m)}$$

支承处截面弯矩为零，剪力最大：

$$V = \gamma \times \frac{1}{2}ql = 1.4 \times \frac{1}{2} \times 18 \times 6 = 75.6 \text{ (kN)}$$

(2) 截面特性计算：

$$I_x = \frac{1}{12} \times 200 \times 350^3 - \frac{1}{12} \times 194 \times 330^3 = 1.34 \times 10^8 \text{ (mm}^4\text{)}$$

$$S_{x,\max} = \frac{1}{8} \times 6 \times 330^2 + 200 \times 10 \times \left(\frac{330}{2} + \frac{10}{2}\right) = 4.22 \times 10^5 \text{ (mm}^3\text{)}$$

(3) 检算跨中截面的弯曲正应力：

$$\sigma_{\max} = \frac{M_x}{\gamma_x I_x} y_{\max} = \frac{113.4 \times 10^6}{1.05 \times 1.34 \times 10^8} \times \frac{350}{2} = 141.0 \text{ (N/mm}^2\text{)}$$

$$< f = 215 \text{ N/mm}^2，满足要求$$

(4) 检算支承截面的剪应力：

$$\tau_{\max} = \frac{VS_{x,\max}}{I_x t_w} = \frac{75.6 \times 10^3 \times 4.22 \times 10^5}{1.34 \times 10^8 \times 6} = 39.7 \text{ (N/mm}^2\text{)}$$

$$< f_v = 125 \text{ N/mm}^2，满足要求$$

(5) 截面局部压应力、折算应力均无需检算。

(6) 刚度检算。

跨中挠度最大：

$$\upsilon_{\max} = \frac{5ql^4}{384EI_x} = \frac{5 \times 18 \times 6\,000^4}{384 \times 2.06 \times 10^5 \times 1.34 \times 10^8} = 11.0 \text{ (mm)}$$

$$< [\upsilon_Q] = \frac{6\,000}{500} = 12 \text{ mm}，满足要求$$

(7) 整体稳定检算。

对于有密铺板牢固连接于上翼缘的简支梁，因受压翼缘的侧向变形受到了具有较强刚度的铺板的阻止，故梁不会丧失整体稳定，满足要求。

2. 解：

分析：对均布荷载作用的等截面悬臂梁，其危险截面是悬臂根部截面，整跨梁的最大弯矩和最大剪力均在该截面上。故强度检算应包括弯曲正应力、剪应力，还有折算应力。

(1) 梁截面内力计算。

第 5 章 受弯构件——梁

对均布荷载作用的悬臂梁：

根部截面弯矩最大：$M = \dfrac{1}{2}ql^2 = \dfrac{1}{2} \times 35 \times 4^2 = 280 \ (\text{kN} \cdot \text{m})$

根部截面剪力最大：$V = ql = 35 \times 4 = 140 \ (\text{kN})$

（2）检算根部截面弯曲正应力：

$$\sigma_{\max} = \dfrac{M_x}{\gamma_x I_x} y_{\max} = \dfrac{280 \times 10^6}{1.05 \times 2.95 \times 10^8} \times \dfrac{420}{2} = 189.8 \ (\text{N/mm}^2)$$

$$< f = 215 \ \text{N/mm}^2，满足要求$$

（3）检算根部截面剪应力：

$$\tau_{\max} = \dfrac{V S_{x,\max}}{I_x t_w} = \dfrac{140 \times 10^3 \times 6.63 \times 10^5}{2.95 \times 10^8 \times 8} = 39.3 \ (\text{N/mm}^2) < f_v = 125 \ \text{N/mm}^2，满足要求$$

（4）检算根部截面折算应力。

根部截面的弯矩和剪力均最大，同时截面中腹板与翼缘相交处的弯曲正应力与剪应力均较大，可能出现折算应力过大而屈服，因此检算该点折算应力强度：

$$\sigma_1 = \dfrac{M_x}{\gamma_x I_x} y_1 = \dfrac{280 \times 10^6}{1.05 \times 2.95 \times 10^8} \times \dfrac{400}{2} = 180.8 \ (\text{N/mm}^2)$$

$$\tau_1 = \dfrac{V S_{x,1}}{I_x t_w} = \dfrac{140 \times 10^3 \times (200 \times 10 \times 205)}{2.95 \times 10^8 \times 8} = 24.3 \ (\text{N/mm}^2)$$

$$\sigma_{eq} = \sqrt{\sigma_1^2 + 3\tau_1^2} = \sqrt{180.8^2 + 3 \times 24.3^2} = 185.6 \ (\text{N/mm}^2)$$

$$< \beta_1 f = 1.1 \times 215 \ \text{N/mm}^2，满足要求$$

3. 解：

分析：计算型钢截面梁的最大设计荷载应综合考虑强度、刚度、整体稳定三个方面来共同确定，因此该题需要进行这三方面的完整计算。

（1）根据刚度条件确定最大设计荷载：

跨中挠度检算：

$$\upsilon_{\max} = \dfrac{5ql^4}{384 E I_x} = \dfrac{5 \times (q/1.4) \times 6\,000^4}{384 \times 2.06 \times 10^5 \times 1.108 \times 10^8} \leqslant [\upsilon_Q] = \dfrac{6\,000}{500} = 12 \ (\text{mm})$$

则 $q \leqslant 22.7 \ \text{kN/m}$

（2）取 $q = 22.7 \ \text{kN/m}$ 检算梁的抗弯强度：

$$\sigma_{\max} = \dfrac{M_x}{\gamma_x I_x} y_{\max} = \dfrac{(22.7 \times 6^2 / 8) \times 10^6}{1.05 \times 1.108 \times 10^8} \times \dfrac{320}{2} = 140.5 \ (\text{N/mm}^2)$$

$$< f = 215 \ \text{N/mm}^2，满足要求$$

（3）取 $q = 22.7$ kN/m 检算梁的抗剪强度：

$$\tau_{\max} = \frac{VS_{x,\max}}{I_x t_w} = \frac{(22.7 \times 6/2) \times 10^3 \times 3.97 \times 10^5}{1.108 \times 10^8 \times 9.5} = 25.7 \ (\text{N/mm}^2)$$

$$< f_v = 125 \ \text{N/mm}^2，满足要求$$

（4）根据稳定要求确定最大设计荷载。

通过轧制普通工字钢梁的整体稳定系数表可得：对无侧向支承、承受均布荷载作用的钢梁 $\varphi_b = 0.6$。

故根据稳定公式：

$$\frac{M_x}{I_x} y_{\max} = \frac{(q \times 6^2/8) \times 10^6}{1.108 \times 10^8} \times \frac{320}{2} < \varphi_b f = 0.6 \times 215 = 129 \ (\text{N/mm}^2)$$

得 $q \leqslant 19.9$ kN/m

综合以上计算结果，可得梁能承受的最大设计荷载 $q = 19.9$ kN/m。

4. 解：

分析：对两个集中荷载对称作用的等截面简支梁，其危险截面是集中力作用处的截面，该截面上的弯矩和剪力均是最大的。故强度检算应包括弯曲正应力、剪应力，还有折算应力。

（1）梁截面内力计算。

两个集中荷载对称作用的简支梁，其内力图如图 5.19 所示。

集中荷载 P 作用处截面的弯矩和剪力均最大：

$$M_{\max} = 250 \times 4 = 1\,000 \ (\text{kN} \cdot \text{m})$$

$$V_{\max} = P = 250 \ \text{kN}$$

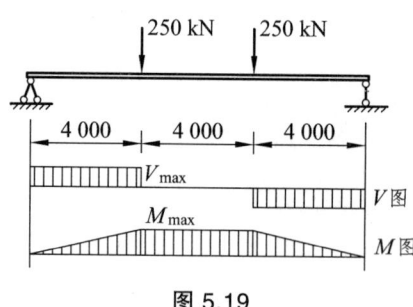

图 5.19

（2）截面特性计算：

$$I_x = \frac{1}{12} \times 280 \times 1\,028^3 - \frac{1}{12} \times 270 \times 1\,000^3 = 2.85 \times 10^9 \ (\text{mm}^4)$$

$$S_{x,\max} = \frac{1}{8} \times 10 \times 1\,000^2 + 280 \times 14 \times \left(\frac{1\,000}{2} + \frac{14}{2}\right) = 3.24 \times 10^6 \ (\text{mm}^3)$$

（3）检算弯曲正应力：

$$\sigma_{\max} = \frac{M_x}{\gamma_x I_x} y_{\max} = \frac{1\,000 \times 10^6}{1.05 \times 2.85 \times 10^9} \times \frac{1\,028}{2} = 171.8 \ (\text{N/mm}^2)$$

$$< f = 215 \ \text{N/mm}^2，满足要求$$

（3）检算剪应力：

$$\tau_{\max} = \frac{VS_{x,\max}}{I_x t_w} = \frac{250 \times 10^3 \times 3.24 \times 10^6}{2.85 \times 10^9 \times 10} = 28.4 \ (\text{N/mm}^2)$$

$$< f_v = 125 \ \text{N/mm}^2，满足要求$$

（4）检算折算应力。

在集中荷载 P 作用处的截面上，腹板与翼缘相交处的弯曲正应力与剪应力均较大，材料可能会因折算应力过大而屈服，因此检算该点折算应力强度：

$$\sigma_1 = \frac{M_x}{I_x} y_1 = \frac{1\,000 \times 10^6}{2.85 \times 10^9} \times \frac{1\,000}{2} = 175.4 \ (\text{N/mm}^2)$$

$$\tau_1 = \frac{VS_{x,1}}{I_x t_w} = \frac{250 \times 10^3 \times (280 \times 14 \times 507)}{2.85 \times 10^9 \times 10} = 17.4 \ (\text{N/mm}^2)$$

$$\sigma_{eq} = \sqrt{\sigma_1^2 + 3\tau_1^2} = \sqrt{175.4^2 + 3 \times 17.4^2} = 178.0 \ (\text{N/mm}^2)$$

$$< \beta_1 f = 1.1 \times 215 \ \text{N/mm}^2，满足要求$$

（5）在相应位置均设置有支承加劲肋，故不检算局部压应力。

综上可得，主梁强度满足要求。

（6）整体稳定计算。

规范规定：工字形等截面简支梁在受压翼缘有侧向支承时，若受压翼缘的自由长度与其宽度之比不大于 16.0，则其整体稳定不必检算。据此 $l_1/b_1 = 4\,000/280 = 14.2 < 16.0$，故该梁不需检算整体稳定。

5．解：

分析：本题考查单轴对称的组合工字形截面简支梁的整体稳定计算，计算的重点是整体稳定系数，计算中要注意公式中的多个参数的定义要把握准确，且还要注意整体稳定系数的计算值是否大于 0.6，若是则需要进行修正。

（1）对梁的整体稳定进行计算必要性判断。

规范规定：工字形等截面简支梁在受压翼缘无侧向支承时，若受压翼缘的自由长度与其宽度之比不大于 13.0，则其整体稳定不必检算。据此 $l_1/b_1 = 5\,500/400 = 13.75 > 13.0$，故该梁需要检算整体稳定。

（2）梁截面弯矩计算：

$$M_{\max} = \frac{1}{8} q l^2 = \frac{1}{8} \times 280 \times 5.5^2 = 1\,058.8 \ (\text{kN·m})$$

（3）确定等效弯矩系数。

跨中无侧向支承的等截面工字形简支梁受均布荷载作用（作用于上翼缘）时：

因 $\xi = \dfrac{l_1 t_1}{b_1 h} = \dfrac{5\,500 \times 16}{400 \times 1\,030} = 1.335 < 2.0$

故 $\beta_b = 0.69 + 0.13\xi = 0.69 + 0.13 \times 1.335 = 0.71$

（4）截面不对称系数计算。

对于加强受压翼缘的单轴对称工字形截面：

$$\alpha_b = \dfrac{I_1}{I_1 + I_2} = \dfrac{\dfrac{1}{12} \times 16 \times 400^3}{\dfrac{1}{12} \times 16 \times 400^3 + \dfrac{1}{12} \times 14 \times 200^3} = 0.90$$

$$\eta_b = 0.8(2\alpha_b - 1) = 0.8 \times (2 \times 0.90 - 1) = 0.64$$

（5）计算 λ_y 及其他截面特性值：

$$A = 16 \times 400 + 14 \times 200 + 1\,000 \times 8 = 1.72 \times 10^4 \;(\text{mm}^2)$$

$$I_y = \dfrac{1}{12} \times 16 \times 400^3 + \dfrac{1}{12} \times 14 \times 200^3 = 9.47 \times 10^7 \;(\text{mm}^4)$$

$$i_y = \sqrt{\dfrac{I_y}{A}} = \sqrt{\dfrac{9.47 \times 10^7}{1.72 \times 10^4}} = 74.2 \;(\text{mm})$$

$$\lambda_y = \dfrac{l_1}{i_y} = \dfrac{5\,500}{74.2} = 74.1$$

$$W_x = \dfrac{I_x}{y_{a,\max}} = \dfrac{2.84 \times 10^9}{410} = 6.93 \times 10^6 \;(\text{mm}^3)$$

（5）整体稳定系数计算：

$$\varphi_b = \beta_b \dfrac{4\,320}{\lambda_y^2} \cdot \dfrac{Ah}{W_x} \left[\sqrt{1 + \left(\dfrac{\lambda_y t_1}{4.4h}\right)^2} + \eta_b \right] \dfrac{235}{f_y}$$

$$\varphi_b = 0.71 \times \dfrac{4\,320}{74.1^2} \times \dfrac{1.72 \times 10^4 \times 1\,030}{6.93 \times 10^6} \times \left[\sqrt{1 + \left(\dfrac{74.1 \times 16}{4.4 \times 1\,030}\right)^2} + 0.64 \right] \times \dfrac{235}{235} = 2.39$$

因 $\varphi_b = 2.39 > 0.6$，应对其进行修正。

故 $\varphi'_b = 1.07 - \dfrac{0.282}{\varphi_b} = 0.95$

（6）整体稳定检算：

$$\dfrac{M_x}{\varphi'_b W_x} = \dfrac{1\,058.8 \times 10^6}{0.95 \times 6.93 \times 10^6} = 160.8 \;(\text{N/mm}^2) < f = 215 \;\text{N/mm}^2，满足要求$$

6. 解：

分析：为受弯构件整体稳定的计算，与前一题相较，区别在于本题中受弯构件的荷载是集中荷载，因此等效弯矩系数计算不同；另外，本题的截面是双轴对称截面，因此截面的不对称影响系数为1.0。

（1）对梁的整体稳定进行计算必要性判断。

规范规定：工字形等截面简支梁在受压翼缘有侧向支承时，若受压翼缘的自由长度与其宽度之比不大于16.0，则其整体稳定不必检算。据此 $l_1/b_1 = 5\,000/250 = 20 > 16.0$，故该梁需要检算整体稳定。

（2）梁截面弯矩计算：

$$M_{\max} = \frac{1}{4}Pl = \frac{1}{4} \times 450 \times 5 = 562.5 \,(\text{kN} \cdot \text{m})$$

（3）确定等效弯矩系数。

跨中有侧向支承的等截面工字形简支梁受集中荷载作用（作用于上翼缘）时：

$$\beta_b = 1.75$$

（4）截面不对称系数计算。

对于双轴对称工字形截面：$\eta_b = 0$

（5）计算 λ_y 及其他截面特性值：

$$A = 14 \times 250 \times 2 + 1\,000 \times 10 = 17\,000 \,(\text{mm}^2)$$

$$i_y = \sqrt{\frac{I_y}{A}} = \sqrt{\frac{3.654 \times 10^7}{17\,000}} = 46.4 \,(\text{mm})$$

$$\lambda_y = \frac{l_1}{i_y} = \frac{5\,000}{46.4} = 107.8$$

$$W_x = \frac{I_x}{y_{a,\max}} = \frac{2.632\,79 \times 10^9}{514} = 5.12 \times 10^6 \,(\text{mm}^3)$$

（6）整体稳定系数计算：

$$\varphi_b = \beta_b \frac{4\,320}{\lambda_y^2} \cdot \frac{Ah}{W_x} \left[\sqrt{1 + \left(\frac{\lambda_y t_1}{4.4h}\right)^2} + \eta_b \right] \frac{235}{f_y}$$

$$\varphi_b = 1.75 \times \frac{4\,320}{107.8^2} \times \frac{17\,000 \times 1\,028}{5.12 \times 10^6} \times \left[\sqrt{1 + \left(\frac{107.8 \times 14}{4.4 \times 1\,028}\right)^2} + 0 \right] \times \frac{235}{235} = 2.34$$

因 $\varphi_b = 2.34 > 0.6$，应对其进行修正。

故 $$\varphi_b' = 1.07 - \frac{0.282}{\varphi_b} = 0.95$$

（7）整体稳定检算：

$$\frac{M_x}{\varphi_b' W_x} = \frac{562.5 \times 10^6}{0.95 \times 5.12 \times 10^6} = 115.6 \,(\text{N/mm}^2) < f = 215 \,\text{N/mm}^2，满足要求$$

7. 解：

分析：组合截面梁支承加劲肋的设计应包括：把加劲肋和其两侧各不超过$15t_w\sqrt{235/f_y}$范围内的腹板当作十字形截面的轴心受压构件检算其腹板平面外的稳定性；计算加劲肋端部承压截面的局部压应力；计算加劲肋与腹板的连接角焊缝。

（1）设计加劲肋：

按构造要求：$b_s \geq h_0/30+40=53$（mm）

厚度：$t_s=b_s/15=3.6$（mm）

取 $b_s=60$ mm，$t_s=8$ mm。

（2）检算加劲肋在腹板平面外的稳定：

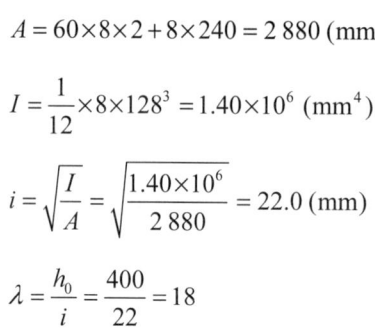

$$A=60\times8\times2+8\times240=2\,880\,(\text{mm}^2)$$

$$I=\frac{1}{12}\times8\times128^3=1.40\times10^6\,(\text{mm}^4)$$

$$i=\sqrt{\frac{I}{A}}=\sqrt{\frac{1.40\times10^6}{2\,880}}=22.0\,(\text{mm})$$

$$\lambda=\frac{h_0}{i}=\frac{400}{22}=18$$

根据"加劲肋采用为焰切割，与梁腹板焊接"的条件，可查得这样的十字形截面轴心压杆属 b 类柱子曲线。因此查 b 类压杆的整体稳定系数得

$$\varphi=0.976$$

则

$$\sigma=\frac{R}{A}=\frac{200\times10^3}{2\,880}=69.4\,(\text{N/mm}^2)$$

$$<\varphi f=0.976\times215=209.8\,(\text{N/mm}^2)，满足要求$$

（3）承压应力检算。

为避免加劲肋与钢梁腹板的焊缝与钢梁腹板和翼缘板间的焊缝交汇，在肋板上应做一个 20 mm × 30 mm 的切角。因此肋板的实际承压面积：

$$A_{ce}=2\times(60-20)\times8=640\,(\text{mm}^2)$$

$$\sigma_{ce}=\frac{R}{A_{ce}}=\frac{200\times10^3}{640}=312.5\,(\text{N/mm}^2)<f_{ce}=325\,\text{N/mm}^2，满足要求$$

（4）加劲肋与腹板的连接焊缝设计。

根据焊缝的构造要求：$1.5\sqrt{t_{max}}\leq h_f\leq 1.2t_{min}$，即 5 mm ≤ h_f ≤ 9 mm，取 $h_f=6$ mm，则焊缝计算长度：$l_w=60h_f=360$ mm

$$\tau_f=\frac{R}{0.7h_f\sum l_w}=\frac{200\times10^3}{0.7\times6\times360\times4}=33.1\,(\text{N/mm}^2)<f_f^w=160\,\text{N/mm}^2，满足要求$$

第6章 拉弯和压弯构件

6.1 本章重点内容提要

6.1.1 拉弯与压弯构件的概念

若构件同时承受轴力和弯矩的作用，就处于偏心受力状态，当轴力为拉力时称为拉弯构件，当轴力为压力时称为压弯构件。

6.1.2 拉弯与压弯构件的破坏形式

1. 拉弯和压弯构件均可能出现的破坏形式

强度破坏：当截面有较大削弱或构件端部弯矩很大时，截面的部分或全部应力都达到甚至超过钢材屈服强度。

2. 压弯构件才有可能出现的破坏形式

（1）弯矩作用平面内的弯曲失稳破坏：当在非弯矩作用方向有足够的支撑来阻止构件发生侧向位移和扭转的情况下易发生该种破坏。破坏时构件的变形表现为弯矩作用平面内的弯曲。

（2）弯矩作用平面外的失稳破坏：当在非弯矩作用方向即构件的侧向缺乏足够支撑的情况下，除了在弯矩作用平面内存在弯曲变形外，垂直于弯矩作用的方向也会突然发生弯曲变形，同时发生绕构件轴线的扭转，形成一种弯扭失稳的破坏形态。

（3）局部失稳破坏：当构件腹板高厚比和受压翼缘的宽厚比过大时，可能发生局部的屈曲，即局部失稳。

6.1.3 拉弯与压弯构件的截面形式

拉弯和压弯构件常见的截面形式可分为三类：

（1）型钢截面：如工字钢、H型钢、槽钢和角钢等，如图6.1（a）所示。

（2）组合截面：又可分为钢板与钢板、型钢与型钢、钢板与型钢三种组合方式，如图6.1（b）所示。

型钢截面和组合截面构件又可以统称为实腹式构件。

（3）格构式截面：与格构式轴心受压构件的截面不同的是，格构式拉弯和压弯构件的分肢根据荷载特点的不同，可以是对称的，也可以选择不对称的截面形式。通常在受力较大的一侧选用承载较强的截面形式，而在另一侧选用稍弱的截面形式，如图6.1（c）所示。

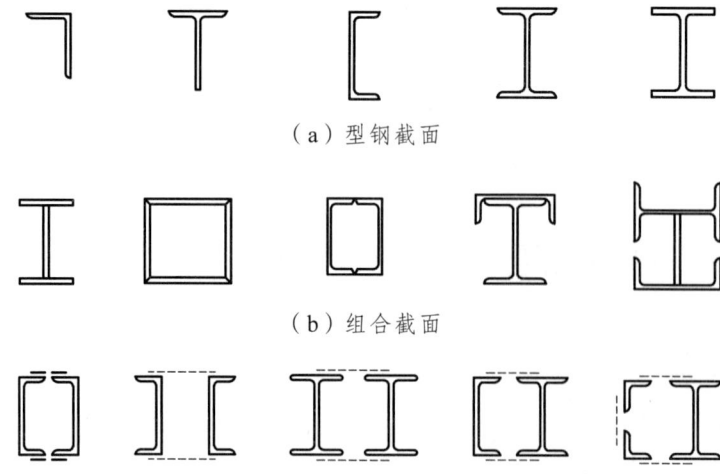

(a）型钢截面

(b）组合截面

(c）格构式构件的截面

图 6.1　拉弯、压弯构件截面形式

6.1.4　拉弯与压弯构件设计时的主要检算项目

拉弯和压弯构件均需满足承载能力极限状态和正常使用极限状态的要求。

（1）正常使用极限状态：对拉弯构件和压弯构件均作出刚度要求，即对构件的长细比做出限制。通常，压弯构件的容许长细比限制比拉弯构件更严格一些。拉弯构件的容许长细比与轴心受拉构件相同；压弯构件的容许长细比与轴心受压构件相同。

（2）承载能力极限状态：拉弯构件与压弯构件的检算项目有较大区别。

压弯构件承载能力极限状态的检算通常包括以下几项：① 强度；② 弯矩作用平面内的整体稳定；③ 弯矩作用平面外的整体稳定；④ 局部稳定。

拉弯构件通常只需进行强度计算，但是当构件承受的弯矩较大时，还需要按照受弯构件的要求进行整体稳定和局部稳定的计算。

6.1.5　实腹式拉弯和压弯构件的计算

（1）刚度计算公式：

$$\lambda_{\max} \leqslant [\lambda] \tag{6.2.1}$$

式中，$\lambda_{\max}$ 指两个主轴方向的长细比中的较大值。

（2）强度计算公式（此处只列出单向偏心的情况）：

$$\frac{N}{A_n} \pm \frac{M_x}{\gamma_x W_{nx}} \leqslant f \tag{6.2.2}$$

式中　A_n——构件净截面面积；

　　　W_{nx}——构件净截面抵抗矩；

　　　γ_x——截面塑性发展系数，取值与受弯构件相同。

（3）压弯构件弯矩作用平面内的整体稳定计算公式：

$$\frac{N}{\varphi_x A}+\frac{\beta_{mx}M_x}{\gamma_x W_{1x}\left(1-0.8\dfrac{N}{N'_{Ex}}\right)} \leqslant f \qquad (6.2.3)$$

式中　N——压弯构件的轴向压力设计值；

　　　φ_x——弯矩作用平面内，轴心受压构件的稳定系数；

　　　M_x——构件中的最大弯矩设计值；

　　　W_{1x}——弯矩作用平面内的受压最大纤维毛截面抵抗矩；

　　　N'_{Ex}——考虑分项系数 $\gamma_R=1.1$ 后的欧拉临界力，$N'_{Ex}=\dfrac{\pi^2 EA}{1.1\lambda_x^2}$；

　　　β_{mx}——等效弯矩系数，按下列规定采用：

① 悬臂构件和在内力分项中未考虑二阶效应的无支撑框架和弱支撑框架柱，取 $\beta_{mx}=1.0$。

② 框架柱和两端支承的构件：

a. 无横向荷载作用时，$\beta_{mx}=0.65+0.35\dfrac{M_2}{M_1}$，其中 M_1 和 M_2 为构件两端的弯矩，$|M_1|\geqslant|M_2|$；当其使构件产生同曲率（无反弯点）时，取正号。当其使构件产生相反曲率（有反弯点）时取负号。

b. 有端弯矩和横向荷载同时作用时，使构件产生同曲率时取 $\beta_{mx}=1.0$，使构件产生反向曲率时取 $\beta_{mx}=0.85$。

c. 无端弯矩但有横向荷载作用时，取 $\beta_{mx}=1.0$。

对于像 T 形和槽形这样的单轴对称截面压弯构件，当弯矩作用在对称平面内且使较大翼缘受压时，可能出现受拉侧首先屈服而导致构件失去承载力的情况，故还应按下式计算：

$$\left|\frac{N}{A}-\frac{\beta_{mx}M_x}{\gamma_x W_{2x}\left(1-1.25\dfrac{N}{N'_{Ex}}\right)}\right| \leqslant f \qquad (6.2.4)$$

式中的 W_{2x} 为受拉翼缘最外纤维的毛截面抵抗矩；1.25 是一个修正系数。其他符号的意义同（6.2.3）式。

（4）压弯构件弯矩作用平面外的整体稳定计算公式：

$$\frac{N}{\varphi_y A}+\eta\frac{\beta_{tx}M_x}{\varphi_b W_{1x}} \leqslant f \qquad (6.2.5)$$

式中　η——截面影响系数，对闭口截面取 $\eta=0.7$，对其他截面取 $\eta=1.0$；

　　　φ_y——弯矩作用平面外的轴心受压构件稳定系数；

　　　φ_b——均匀弯曲时的受弯构件整体稳定系数，可按下述近似公式计算：

① 工字形截面。

双轴对称时：

$$\varphi_b = 1.07 - \frac{\lambda_y^2}{44\,000} \cdot \frac{f_y}{235} \leqslant 1 \tag{6.2.6}$$

单轴对称时：

$$\varphi_b = 1.07 - \frac{W_{1x}}{(2\alpha_b + 0.1)Ah} \cdot \frac{\lambda_y^2}{44\,000} \cdot \frac{f_y}{235} \leqslant 1 \tag{6.2.7}$$

式中，$\alpha_b = \dfrac{I_1}{I_1 + I_2}$；$I_1$ 和 I_2 分别为受压翼缘和受拉翼缘对 y 轴的惯性矩。

② T 形截面。

弯矩使翼缘受压时：

双角钢 T 形截面

$$\varphi_b = 1 - 0.001\,7\lambda_y \sqrt{\frac{f_y}{235}} \tag{6.2.8}$$

两板组合 T 形截面：

$$\varphi_b = 1 - 0.002\,2\lambda_y \sqrt{\frac{f_y}{235}} \tag{6.2.9}$$

弯矩使翼缘受拉时：

$$\varphi_b = 1 - 0.000\,5\lambda_y \sqrt{\frac{f_y}{235}} \tag{6.2.10}$$

③ 对闭口截面（如箱形截面），取 $\varphi_b = 1.0$。

注意以上近似计算公式已经考虑了构件的弹塑性失稳问题，因此当算出的 φ_b 值大于 0.6 时不必再修正。

（5）压弯构件的局部稳定计算公式。

① 工字形截面。

a. 腹板。

腹板的正应力梯度：

$$\alpha_0 = \frac{\sigma_1 - \sigma_2}{\sigma_1} \tag{6.2.11}$$

式中　σ_1——腹板计算高度边缘的最大压应力；

σ_2——腹板计算高度另一边缘相应的应力，压应力取正值，拉应力取负值。

为保腹板的局部稳定，应限制其计算高度与厚度之比符合以下要求：

当 $0 \leqslant \alpha_0 \leqslant 1.6$ 时，

$$\frac{h_0}{t_w} \leqslant (16\alpha_0 + 0.5\lambda + 25)\sqrt{\frac{235}{f_y}} \tag{6.2.12}$$

当 $1.6 \leqslant \alpha_0 \leqslant 2.0$ 时，

$$\frac{h_0}{t_w} \leq (48\alpha_0 + 0.5\lambda - 26.2)\sqrt{\frac{235}{f_y}} \quad (6.2.13)$$

式中，λ 为弯矩作用平面内的长细比，当 $\lambda<30$ 时，取 $\lambda=30$；当 $\lambda>100$ 时，取 $\lambda=100$。

b. 翼缘板。

工字形截面翼缘板的自由外伸宽度与其厚度之比应符合下式：

$$\frac{b_1}{t} \leq 13\sqrt{\frac{235}{f_y}} \quad (6.2.14)$$

当在强度和稳定性计算时取截面塑性发展系数 $\gamma_x=1.0$ 时，上式中的 13 可放宽为 15。

② T 形截面。

腹板：限制高厚比。

a. 弯矩使翼缘受压时：

T 形钢：

$$\frac{h_w}{t_w} \leq (15+0.2\lambda)\sqrt{\frac{235}{f_y}} \quad (6.2.15)$$

两板焊接的 T 形截面：

$$\frac{h_w}{t_w} \leq (13+0.17\lambda)\sqrt{\frac{235}{f_y}} \quad (6.2.16)$$

b. 弯矩使翼缘受拉时：

当 $\alpha_0 \leq 1.0$ 时，

$$\frac{h_w}{t_w} \leq 15\sqrt{\frac{235}{f_y}} \quad (6.2.17)$$

当 $\alpha_0 > 1.0$ 时，

$$\frac{h_w}{t_w} \leq 18\sqrt{\frac{235}{f_y}} \quad (6.2.18)$$

式中，α_0 为腹板的应力梯度，意义同前。

翼缘板：自由外伸宽度与厚度之比应满足下式：

$$\frac{b_1}{t} \leq 15\sqrt{\frac{235}{f_y}} \quad (6.2.19)$$

③ 箱形截面。

腹板：高厚比限值不应超过式（6.2.12）和式（6.2.13）的 0.8 倍，当式中右侧计算值小于 $40\sqrt{\frac{235}{f_y}}$ 时，取 $40\sqrt{\frac{235}{f_y}}$。

弯矩绕虚轴作用时的格构式压弯构件计算公式。

a. 弯矩作用平面内的整体稳定计算：

$$\frac{N}{\varphi_x A}+\frac{\beta_{mx} M_x}{W_{1x}\left(1-\varphi_x \dfrac{N}{N_{Ex}^1}\right)} \leqslant f \qquad (6.2.20)$$

式中，$W_{1x}=I_x/y_0$，其中 I_x 为绕 x 轴（虚轴）的毛截面惯性矩。y_0 的取值原则是：当距 x 轴最远的纤维属于肢件的腹板时，y_0 取为 x 轴到压力较大分肢腹板边缘的距离；当距 x 轴最远的纤维属于肢件翼缘的外伸部分时，y_0 取为 x 轴到压力较大分肢轴线的距离。

φ_x 是由构件绕虚轴的换算长细比 λ_{0x} 确定的 b 类截面轴心压杆稳定系数。

N_{Ex}^1 的意义同前述实腹式构件公式，但由换算长细比 λ_{0x} 确定。

β_{mx} 的确定同实腹式压弯构件。

b. 分肢稳定计算。

将整个构件视为一平行弦桁架，将构件的两个分肢看作桁架体系的弦杆，如图 6.2 所示，两分肢的轴心力按下列公式计算：

分肢 1

$$N_1 = M_x/a + N y_2/a \qquad (6.2.21)$$

分肢 2

$$N_2 = N - N_1 \qquad (6.2.22)$$

对两分肢，各自根据受到的轴心力按轴心受压构件进行计算即可，其计算长度在缀材平面内取缀条体系的节间长度，而在平面外则取整个构件侧向支承点间的距离（见图 6.2）。

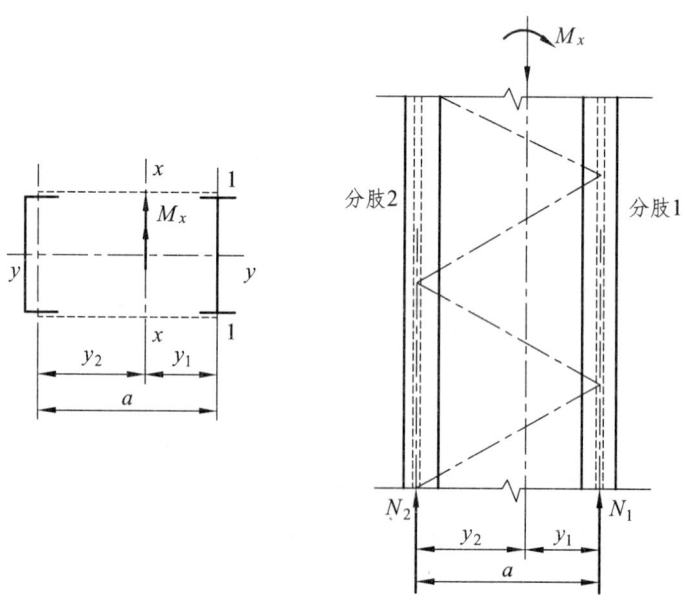

图 6.2 弯矩绕虚轴作用时的格构式压弯构件分肢内力计算

第6章 拉弯和压弯构件

弯矩绕实轴作用时的格构式压弯构件计算公式。

a. 弯矩作用平面内和弯矩作用平面外的整体稳定计算：

均可采用实腹式压弯构件的计算公式，即式（6.2.3）和式（6.2.5）进行计算，但公式中的 φ_y 应按换算长细比 λ_{0x} 确定，而 φ_b 应取为 1.0。

b. 分肢稳定计算：

按实腹式压弯构件计算，内力按以下原则分配（见图6.3）：轴心压力 N 在两分肢间的分配与分肢轴线至虚轴 x 轴的距离成反比；弯矩 M_y 在两分肢间的分配与分肢对实轴 y 轴的惯性矩成正比、与分肢轴线至虚轴 x 轴的距离成反比。

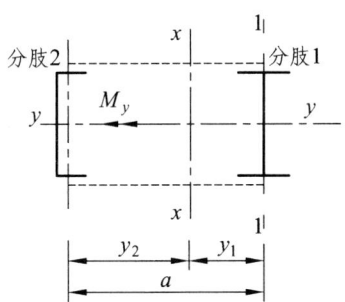

图 6.3 弯矩绕实轴作用时的格构式压弯构件分肢内力计算

即，分肢1：轴心力

$$N_1 = N y_2 / a \tag{6.2.23}$$

弯矩

$$M_{y1} = \frac{I_1 / y_1}{I_1 / y_1 + I_2 / y_2} M_y \tag{6.2.24}$$

分肢2：轴心力

$$N_2 = N - N_1 \tag{6.2.25}$$

弯矩

$$M_{y2} = M_y - M_{y1} \tag{6.2.26}$$

式中的 I_1 和 I_2 是分肢1和分肢2对 y 轴的惯性矩。

6.2 习　题

6.2.1　填空题

1. 压弯构件的整体稳定计算通常包括 ＿＿＿＿＿＿ 和 ＿＿＿＿＿＿ 这两个方向的稳定计算。其中，前者的失稳属于一种 ＿＿＿＿ 屈曲，而后者属于 ＿＿＿＿ 屈曲。

2. 在计算拉弯和压弯构件的强度时，根据截面上应力发展的不同程度，可分为 ＿＿＿＿ 准则、_____准则和_____准则这三种不同的强度计算准则。除了一些特殊情况外，实腹式拉弯和压弯构件一般采用其中的_____准则进行强度计算。

3. 拉弯和压弯构件的截面形式按几何特征可以分为_____截面和_____截面，按对称性可分为_____截面和_____截面，按截面分布的连续性分为_____截面和_____截面。

4. 对于弯矩绕虚轴作用的格构式压弯构件，在其弯矩作用平面内的整体稳定计算公式中，φ_x 是由构件绕虚轴的_____确定的 b 类截面轴心压杆稳定系数。对于弯矩绕实轴作用的格构式压弯构件，在其弯矩作用平面外的整体稳定计算公式中，系数 φ_b 应取_____。

5. 构件直接承受动力荷载时，截面塑性发展系数 γ_x 取为_____。

6. 根据弯矩作用方向和构件截面位置的关系，双肢格构式压弯构件可分为_____和_____两种情况。

7. 为了保证压弯构件的局部稳定，应限制构件腹板的_____和翼缘板的_____。

6.2.2 选择题

1. 两个压弯构件，截面尺寸和计算长度完全相同，构件 1 受到的端弯矩使构件产生反向曲率，构件 2 使构件产生同向曲率，则稳定承载力较高的是（   ）。

A. 构件 1 　　　　　　　　　　　B. 构件 2
C. 两个构件一样高　　　　　　　　D. 无法确定

2. 在最大应力 σ_1 相等，其他条件相同的情况下，下图中压弯构件的腹板局部稳定性最差的是（   ）。

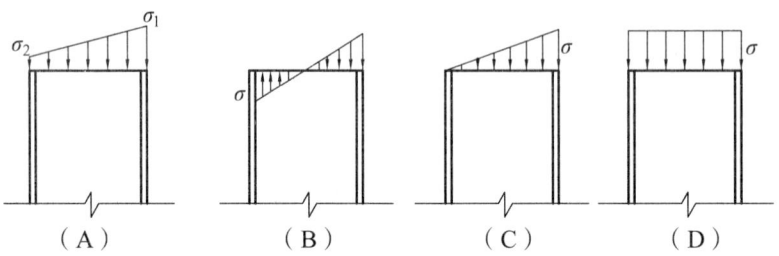

3. 若 b 表示工字形截面受压翼缘宽度，b_1 表示工字形截面受压翼缘自由外伸宽度，t 表示工字形截面受压翼缘厚度，则其受压翼缘局部稳定验算公式为（   ）。

A. $\dfrac{b}{t} \leqslant (10+0.1\lambda)\sqrt{\dfrac{235}{f_y}}$　　　　　　B. $\dfrac{b}{t} \leqslant 13\sqrt{\dfrac{235}{f_y}}$

C. $\dfrac{b_1}{t} \leqslant (10+0.1\lambda)\sqrt{\dfrac{235}{f_y}}$　　　　　D. $\dfrac{b_1}{t} \leqslant 13\sqrt{\dfrac{235}{f_y}}$

4. 某 T 形截面压弯构件，弯矩作用平面为对称轴平面，T 形截面的翼缘位于受压侧，则其弯矩作用平面内的整体稳定计算涉及以下的哪些公式？（   ）。

① $\dfrac{N}{\varphi_y A}+\eta\dfrac{\beta_{tx}M_x}{\varphi_b W_{1x}} \leqslant f$　　② $\dfrac{N}{\varphi_x A}+\dfrac{\beta_{mx}M_x}{\gamma_x W_{1x}\left(1-0.8\dfrac{N}{N'_{Ex}}\right)} \leqslant f$

③ $\left| \dfrac{N}{A} - \dfrac{\beta_{mx} M_x}{\gamma_x W_{2x}\left(1-1.25\dfrac{N}{N'_{Ex}}\right)} \right| \leq f$　　④ $\dfrac{b_1}{t} \leq 13\sqrt{\dfrac{235}{f_y}}$

A. ②　　　　B. ②③　　　　C. ①②③　　　　D. ②③④

5. 某双角钢组合 T 形截面拉弯构件，弯矩作用平面为对称轴平面，T 形截面的翼缘位于弯矩作用的受拉侧，如图 6.4 所示，则其强度计算最不利的位置应是图中的哪一点？（　　）。

A. 翼缘侧边缘的 1 点
B. 腹板侧边缘的 2 点
C. 中性轴处的 3 点
D. 1 点和 2 点均有可能

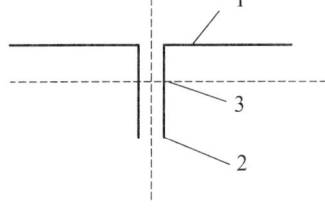

图 6.4

6. 对于格构式压弯构件，当弯矩绕虚轴作用时，其弯矩作用平面外的整体稳定不必计算，而只需由（　　）。来保证。

A. 保证足够大的分肢间距　　　　B. 分肢稳定计算
C. 满足一定的构造要求　　　　D. 选择足够大的截面尺寸

7. 当工字形截面压弯构件的腹板应力梯度分别为以下数值时，腹板的局部稳定性最好的是（　　）。

A. 0　　　　B. 0.5　　　　C. 1.0　　　　D. 2.0

8. 对于工字形截面压弯构件，若弯矩绕强轴作用，在验算腹板的局部稳定时，其高厚比限值与以下的哪一项没有关系？（　　）。

A. 钢材的强度等级　　　　B. 腹板的正应力梯度 α_0
C. 构件侧向支承的间距　　　　D. 构件在弯矩作用平面内的长细比

9. 两个截面形状和尺寸完全相同的压弯构件，其构件长度和两端约束情况也相同，只是其中一个承受均匀的弯矩作用，另一个承受非均匀弯矩作用，两者最大弯矩相同，则它们的临界弯矩较大的是（　　）。

A. 前者　　　　B. 后者　　　　C. 一样大　　　　D. 不能确定

10. 对于弯矩绕虚轴作用的双肢格构式压弯构件，其设计计算内容应包括以下哪几项？（　　）

①强度　②长细比　③弯矩作用平面内的整体稳定
④弯矩作用平面外的整体稳定　⑤单肢稳定　⑥缀材计算

A. ③⑤⑥　　　　B. ③④⑤　　　　C. ①②③④　　　　D. ①②③⑤⑥

11. 对于缀条格构式压弯构件，若 l_{0x} 和 l_{0y} 分别表示构件对虚轴和对实轴的计算长度，l_1 表示分肢的计算长度，l 表示构件的实际长度，则在进行分肢稳定计算时，分肢在缀条平面外的计算长度取（　　）。

A. l_{0x}　　　　B. l_{0y}　　　　C. l_1　　　　D. l

12. 在进行格构式压弯构件的缀材计算时，剪力值应取（　　）。

A. 构件受到的实际剪力设计值
B. 按公式 $V = \dfrac{Af}{85}\sqrt{\dfrac{f_y}{235}}$ 计算出的剪力值

139

C. 构件受到的实际剪力设计值和按公式 $V = \dfrac{Af}{85}\sqrt{\dfrac{f_y}{235}}$ 计算出的剪力值中的大者

D. 按求导公式 $V = \dfrac{dM}{dx}$ 计算出的剪力值

13. 对于像 T 形截面这样单轴对称的压弯构件，在布置时最好让弯矩绕（　　）作用。

　　A. 对称轴　　　　　　　　　　　　B. 非对称轴

　　C. 任意轴　　　　　　　　　　　　D. 对称轴或非对称轴（视情况而定）

14. 实腹式压弯构件强度计算公式 $\dfrac{N}{A_n} \pm \dfrac{M_x}{\gamma_x W_{nx}} \leqslant f$ 与下面的哪一个截面应力分布图形相对应？（　　）

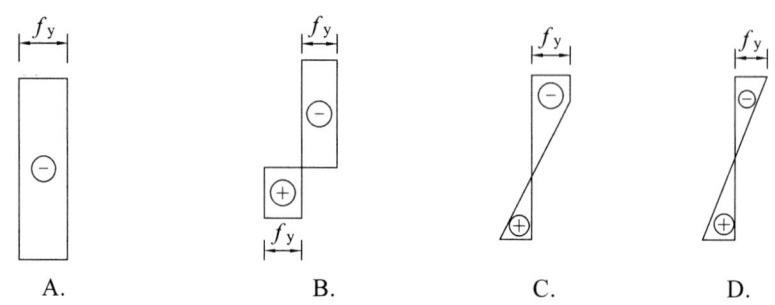

　　A.　　　　　　　　B.　　　　　　　　C.　　　　　　　　D.

15. 实腹式压弯构件强度计算公式 $\dfrac{N}{A_n} - \dfrac{M_x}{\gamma_x W_{nx}} \leqslant f$ 中 W_{nx} 的含义是（　　）。

　　A. 受压较大侧纤维的毛截面抵抗矩　　B. 受压较大侧纤维的净截面抵抗矩

　　C. 受压较小侧纤维的毛截面抵抗矩　　D. 受压较小侧纤维的净截面抵抗矩

16. 压弯构件在弯矩作用平面内和在弯矩作用平面外发生整体失稳时的屈曲形式分别为（　　）。

　　A. 弯曲屈曲、弯曲屈曲　　　　　　B. 弯曲屈曲、弯扭屈曲

　　C. 弯扭屈曲、弯扭屈曲　　　　　　D. 不能确定

17. 对于弯矩绕实轴作用的双肢格构式压弯构件，其强度计算时的塑性发展系数 γ_x 取（　　）。

　　A. 等于 1.0

　　B. 大于 1.0，但小于实腹式截面的塑性发展系数

　　C. 大于 1.0，与实腹式截面时一样大

　　D. 小于 1.0

18. 对于弯矩绕虚轴作用的双肢格构式压弯构件，其强度计算时的塑性发展系数 γ_x 取（　　）。

　　A. 等于 1.0

　　B. 大于 1.0，但小于实腹式截面的塑性发展系数

　　C. 大于 1.0，与实腹式截面时一样大

　　D. 小于 1.0

19. 实腹式压弯构件弯矩作用平面内的整体稳定计算公式中的等效弯矩系数 β_{mx} 大小取决于以下哪些因素？（　　）。

A. 长细比和横向荷载　　　　　　B. 长细比和轴向荷载
C. 端弯矩和横向荷载　　　　　　D. 端弯矩和轴向荷载

20. 对于工字形截面压弯构件，若弯矩绕着弱轴作用，则其可能的整体失稳形式是(　　)。
A. 弯矩作用平面内的弯曲屈曲和弯矩作用平面外的弯扭屈曲都可能
B. 只会是弯矩作用平面内的弯曲屈曲
C. 只会是弯矩作用平面外的弯扭屈曲
D. 只会是弯矩作用平面外的扭转屈曲

6.2.3　简答题

1. 在哪些情况下，拉弯和压弯构件应采用边缘屈服准则作为强度计算的依据？
2. 实腹式拉弯和压弯构件各有哪些可能的破坏形式？
3. 在设计拉弯和压弯构件时各有哪些需要检算的项目？
4. 拉弯和压弯构件按截面组成方式可以分为哪几类？它们各自适用于什么情况？
5. 双肢格构式压弯构件和双肢格构式轴心受压构件的截面形式有什么区别？
6. 对于像 T 形和槽形这样的单轴对称截面压弯构件，当弯矩作用在对称平面内且使较大翼缘受压时，除了按式（6.2.3）进行弯矩作用平面内的整体稳定计算之外，为什么还要按式（6.2.4）对受拉侧进行补充计算？
7. 实腹式压弯构件的整体稳定计算公式中引入的等效弯矩系数 β_{mx} 的意义是什么？
8. 什么是压弯构件腹板的应力梯度？腹板应力梯度对压弯构件的哪项性能有影响？
9. 箱形截面压弯构件的腹板局部稳定性和工字形截面压弯构件的腹板局部稳定性，哪一个更好些？为什么？
10. 根据弯矩作用方向和构件截面布置位置的关系，格构式压弯构件可分为哪两种情况？
11. 弯矩绕虚轴作用的格构式压弯构件，其弯矩作用平面内的整体稳定计算公式中，对受压较大翼缘的弹性毛截面抵抗矩 W_{1x} 的计算式为 $W_{1x}=I_x/y_0$，其中的 y_0 如何取值？

6.2.4　计算题

1. 试验算图 6.5 所示承受静力荷载的拉弯构件的强度和刚度。已知：轴力设计值 $N=900$ kN，$P=80$ kN，不计结构自重；$l=6$ m，$[\lambda]=350$；构件截面采用型钢 I40a，截面无削弱；构件材料采用 Q235B 钢。

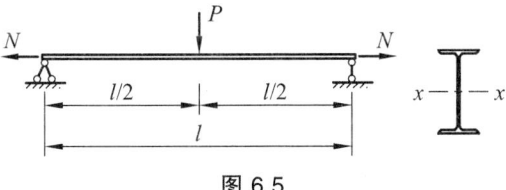

图 6.5

2. 试验算图 6.6 所示承受静力荷载的压弯构件的强度。已知：轴力设计值 $N=900$ kN，$P=80$ kN，不计结构自重；$l=6$ m；构件截面无削弱；构件材料采用 Q235B 钢。

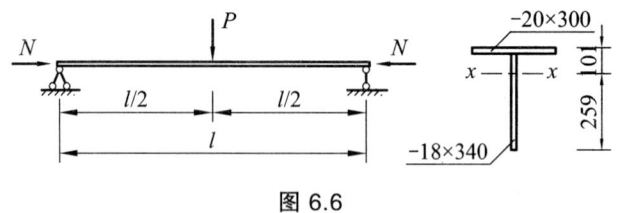

图 6.6

3. 某压弯构件采用热轧工字型钢 I20a,轴力设计值 $N = 50\,\text{kN}$,在杆的两端有弯矩作用,如图 6.7 所示,不计结构自重。杆两端铰接,杆长 5 m,在杆的侧向布置有多处侧向支承,以保证杆件不发生弯扭屈曲。分别检算两种弯矩作用下的承载力:(1) $M_1 = M_2 = 40\,\text{kN}\cdot\text{m}$;(2) $M_1 = -M_2 = 40\,\text{kN}\cdot\text{m}$。构件截面无削弱,构件材料采用 Q235B 钢。

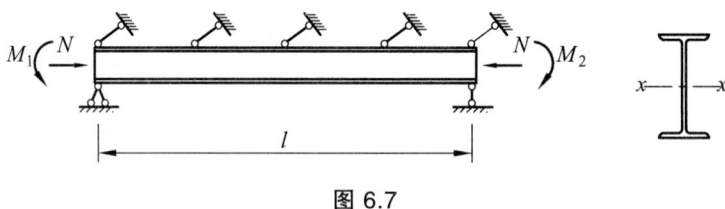

图 6.7

4. 某两端铰接的钢柱,采用 Q235B 宽翼缘 H 型钢 $\text{HW}200 \times 200 \times 8 \times 12$,柱高 4 m,承受偏心力 N 作用,偏心距 $e = 50\,\text{mm}$,偏心方向如图 6.8 所示,试按弯矩平面外稳定承载力计算该柱的压力设计值。

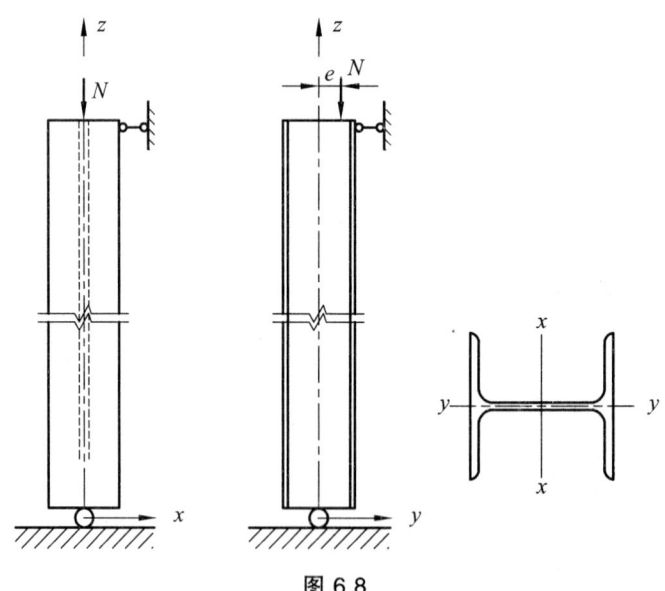

图 6.8

5. 某两端铰接的钢柱,采用 Q235B,截面为焊接组合双轴对称工字形(翼缘为焰切边),中间有侧向支承,截面无削弱,跨中横向集中力设计值 $F = 100\,\text{kN}$,轴心压力设计值 $N = 1\,000\,\text{kN}$,柱高 12 m,如图 6.9 所示。构件容许长细比 $[\lambda] = 150$,$\gamma_x = 1.05$,$\beta_{mx} = 1.0$,试验算此构件强度、刚度及整体稳定性。

第 6 章 拉弯和压弯构件

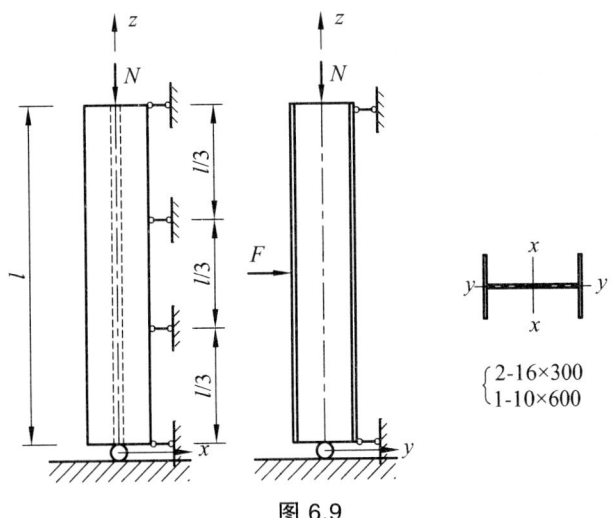

图 6.9

习题答案

6.2.1 填空题

1. 弯矩作用方向，垂直于弯矩作用方向，弯曲，弯扭
2. 边缘纤维屈服，全截面屈服，部分发展塑性，部分发展塑性
3. 开口，闭口，双轴对称，单轴对称，实腹式，格构式
4. 换算长细比 λ_{0x}，1.0
5. 1.0
6. 弯矩绕实轴作用，弯矩绕虚轴作用
7. 高厚比，宽厚比

6.2.2 选择题

1	2	3	4	5	6	7	8	9	10	11	12	13	14	15
A	D	D	B	D	B	D	C	B	D	B	C	B	C	D
16	17	18	19	20										
B	C	A	C	B										

6.2.3 简答题

1. 答：对以下三种情况，在设计时采用边缘屈服准则作为构件强度计算的依据：① 对需要计算疲劳的实腹式拉弯和压弯构件；② 对格构式拉弯、压弯构件，当弯矩绕虚轴作用时，由于截面腹部无实体构件，塑性开展的潜力不大；③ 为保证受压翼缘在截面发展塑性时不发生局部失稳，当受压翼缘的自由外伸宽度与其厚度之比在 $13\sqrt{\dfrac{235}{f_y}} < \dfrac{b_1}{t} < 15\sqrt{\dfrac{235}{f_y}}$ 范围时，不考虑塑性开展。

2. 答：（1）实腹式拉弯构件通常只有强度破坏，但在弯矩相对很大、轴力相对较小的情况下，也可能发生整体失稳和局部失稳的破坏。（2）实腹式压弯构件可能的破坏形式有：① 强度破坏；② 弯矩作用平面内的整体失稳破坏；③ 弯矩作用平面外的整体失稳破坏；④ 局部失稳破坏。

3. 答：在设计拉弯构件时通常需要检算的项目有：① 刚度计算（属正常使用极限状态）；② 强度计算；③ 若弯矩相对很大、轴力相对较小，也需要进行整体失稳和局部失稳的计算。（以上两项属承载能力极限状态）。

在设计压弯构件时通常需要检算的项目有：① 刚度计算（属正常使用极限状态）；② 强度计算；③ 弯矩作用平面内的整体稳定计算；④ 弯矩作用平面外的整体稳定计算；⑤ 局部稳定计算。（以上四项属承载能力极限状态）

4. 答：拉弯和压弯构件按截面组成方式可以分为三类：① 实腹式型钢截面构件：主要适用于计算长度不大或受力较小的构件；② 实腹式钢板焊接组合截面或型钢与型钢、型钢与钢板的组合截面构件：主要适用于计算长度较大或受力较大的构件；③ 格构式截面构件，主要适用于计算长度很大或受力很大的构件。

5. 答：双肢格构式轴心受压构件由于各部分受力均匀，其截面设计通常遵循对称以及两主轴方向等稳定性的原则，其构件的两肢截面形式和尺寸一般完全相同；而格构式压弯构件情况复杂，在弯矩作用的两端受力可能很接近，但也可能相差较大，所以其两肢截面形式根据受力情况可以设为完全相同，但也可能设为不同形式，此时通常把较强的一肢设在受力较大的一侧。

6. 答：对于像T形和槽形这样的单轴对称截面压弯构件，当弯矩作用在对称平面内且使较大翼缘受压时，截面中性轴偏向较大的受压翼缘，从而使受拉边缘距离中性轴较远，应力较大。构件失稳时的塑性区除了可能出现受压侧先屈服、受拉和受压侧同时屈服这两种情况外，也可能因截面受拉侧先达到受拉屈服而导致构件达到承载力极限状态。

前两种情况均可通过 $\dfrac{N}{\varphi_x A} + \dfrac{\beta_{mx} M_x}{\gamma_x W_{1x}\left(1 - 0.8\dfrac{N}{N'_{Ex}}\right)} \leq f$ 来进行验算。

最后一种情况则需要通过 $\left|\dfrac{N}{A} - \dfrac{\beta_{mx} M_x}{\gamma_x W_{2x}\left(1 - 1.25\dfrac{N}{N'_{Ex}}\right)}\right| \leq f$ 来进行验算。

7. 答：实腹式压弯构件的整体稳定计算公式是按照弯矩沿杆长均匀分布和两端铰支的情况推导出来的。当弯矩为非均匀分布时，构件的实际承载能力会更高一些，为了让公式适用于各种荷载作用形式的情况，可引入等效弯矩的概念，实际荷载作用与沿杆长均匀分布的弯矩值为 $\beta_{mx} M_x$ 时等效（引起相同挠度），其中 M_x 为杆长度范围内的最大弯矩，所以等效弯矩系数 β_{mx} 的意义是等效弯矩与杆长度范围内的最大弯矩之比。显然 $\beta_{mx} \leq 1$。

8. 答：压弯构件腹板的应力梯度是指腹板计算高度两端的应力差和最大压应力的比值，即 $\alpha_0 = \dfrac{\sigma_1 - \sigma_2}{\sigma_1}$，式中 σ_1 和 σ_2 分别为腹板计算高度两端最大和最小应力，以受压为正、受拉为负。腹板应力梯度对压弯构件腹板的局部稳定性有影响。

9. 答：考虑到箱形截面压弯构件的两个腹板受力可能不一致，翼缘对腹板的约束因为常用单侧角焊缝也不如工字形截面构件，所以箱形截面压弯构件的腹板局部稳定性比工字形截面压弯构件的腹板局部稳定性要差一些，其高厚比限值取为工字形截面压弯构件腹板高厚比限值的 0.8 倍。

第6章 拉弯和压弯构件

10. 答：根据弯矩作用方向和构件截面布置位置的关系，格构式压弯构件可分为弯矩绕虚轴作用和弯矩绕实轴作用这两种情况。

11. 答：y_0应取虚轴x轴到压力较大分肢轴线的距离或者到压力较大分肢腹板外边缘的距离，取二者中的较大值。即当距x轴最远的纤维属于肢件的腹板时，y_0取为x轴到分肢腹板边缘的距离；当距x轴最远的纤维属于肢件翼缘的外伸部分时，y_0取为x轴到分肢轴线的距离。

6.2.4 计算题

1. 解：

分析：对于拉弯构件，截面正应力分布是不均匀的，需要验算正应力最大值。对于双轴对称截面的构件来说，其最大正应力为：$\dfrac{N}{A_n}+\dfrac{M_x}{\gamma_x W_{nx}}$。

（1）计算截面特性。

构件采用型钢 I40a，其截面特性可查表得

$$A = 8\,611\ \text{mm}^2\ ;\quad W_{nx} = 1.09 \times 10^6\ \text{mm}^3\ ;\quad i_x = 159\ \text{mm}\ ,\quad i_y = 27.7\ \text{mm}$$

另：截面塑性发展系数 $\gamma_x = 1.05$。

（2）强度检算：

$$M = \frac{Pl}{4} = \frac{80 \times 6}{4} = 120\ (\text{kN} \cdot \text{m})$$

$$\sigma_{\max} = \frac{N}{A_n} + \frac{M_x}{\gamma_x W_{nx}} = \frac{900 \times 10^3}{8\,611} + \frac{120 \times 10^6}{1.05 \times 1.09 \times 10^6} = 209.4\ (\text{N/mm}^2)$$

$$< f = 215\ \text{N/mm}^2$$

强度满足要求。

（3）刚度检算：

$$\lambda_x = \frac{l_{0x}}{i_x} = \frac{6\,000}{159} = 37.7 < [\lambda] = 350$$

$$\lambda_y = \frac{l_{0y}}{i_y} = \frac{6\,000}{27.7} = 216.6 < [\lambda] = 350$$

刚度满足要求。

2. 解：

分析：对于单轴对称的压弯构件，截面正应力分布不均匀，最大正应力出现在截面上、下边缘，但具体是哪一侧需要计算比较才能确定，因此其最大正应力为：$\dfrac{N}{A_n}+\dfrac{M_x}{\gamma_x W_{nx}}$ 和 $\dfrac{N}{A_n}-\dfrac{M_x}{\gamma_x W_{nx}}$ 两者中的大者。

（1）计算截面特性：

$$A = 12\,120\ \text{mm}^2$$

$$I_x = 20\times300\times(101-20/2)^2 + \frac{1}{12}\times18\times340^3 + 18\times340\times(259-340/2)^2$$
$$= 1.57\times10^8 \ (\text{mm}^4)$$

截面塑性发展系数 $\gamma_{x\text{上缘}} = 1.05$，$\gamma_{x\text{下缘}} = 1.2$。

（2）强度检算：

$$M = \frac{Pl}{4} = \frac{80\times6}{4} = 120 \ (\text{kN}\cdot\text{m})$$

$$\sigma_{\text{上缘}} = \frac{N}{A_n} + \frac{M_x y_{\text{上缘}}}{\gamma_{x\text{上缘}} I_x} = \frac{900\times10^3}{12\,120} + \frac{120\times10^6\times101}{1.05\times1.57\times10^8} = 147.8 \ (\text{N/mm}^2)$$

$$< f = 215 \ \text{N/mm}^2$$

$$\sigma_{\text{下缘}} = \frac{N}{A_n} + \frac{M_x y_{\text{下缘}}}{\gamma_{x\text{下缘}} I_x} = \frac{900\times10^3}{12\,120} - \frac{120\times10^6\times259}{1.2\times1.57\times10^8} = 90.7 \ (\text{N/mm}^2)$$

$$< f = 215 \ \text{N/mm}^2$$

强度满足要求。

3. 解：

分析：构件的侧向稳定由于有侧向支承保证而不需要计算，同时构件无截面削弱，因此其承载力由弯矩平面内的整体稳定决定。另外，两种杆端弯矩作用的区别在于稳定计算中的等效弯矩系数不同。

（1）计算截面特性。

构件采用型钢 I20a，其截面特性可查表得

$$A = 3\,558 \ \text{mm}^2 \ ; \quad W_x = 2.37\times10^5 \ \text{mm}^3 \ ; \quad i_x = 81.5 \ \text{mm}$$

查表可知热轧工字钢压杆对强轴的稳定属于 a 类构件，因此根据 a 类稳定系数表，由 $\lambda_x = \dfrac{l_{0x}}{i_x} = \dfrac{5\,000}{81.5} = 61$，查得：$\varphi_x = 0.879$。

截面塑性发展系数 $\gamma_x = 1.05$。

（2）弯矩平面内稳定承载力计算。

① 当 $M_1 = M_2 = 40 \ \text{kN}\cdot\text{m}$ 时：

$$\beta_{mx} = 1.0$$

$$N'_{Ex} = \frac{\pi^2 EA}{1.1\lambda^2} = \frac{\pi\times206\times10^3\times3\,558}{1.1\times61^2} = 5.63\times10^5 \ (\text{N})$$

弯矩平面内稳定公式：

$$\frac{N}{\varphi_x A} + \frac{\beta_{mx} M_x}{\gamma_x W_x (1 - 0.8N/N'_{Ex})} = \frac{50\times10^3}{0.879\times3\,558} + \frac{1.0\times40\times10^6}{1.05\times2.37\times10^5\times(1-0.8\times50/563)}$$

$$= 189.0 \ (\text{N/mm}^2)$$

$$< f = 215 \ (\text{N/mm}^2)$$

第6章 拉弯和压弯构件

弯矩平面内稳定满足要求。

② 当 $M_1 = -M_2 = 40 \text{ kN} \cdot \text{m}$ 时：

$$\beta_{mx} = 0.65 + 0.35 \times \left(\frac{M_2}{M_1}\right) = 0.3$$

弯矩平面内稳定公式：

$$\frac{N}{\varphi_x A} + \frac{\beta_{mx} M_x}{\gamma_x W_x (1 - 0.8 N / N'_{Ex})} = \frac{50 \times 10^3}{0.879 \times 3\,558} + \frac{0.3 \times 40 \times 10^6}{1.05 \times 2.37 \times 10^5 \times (1 - 0.8 \times 50 / 563)}$$
$$= 67.9 \text{ (N/mm}^2\text{)}$$
$$< f = 215 \text{ N/mm}^2$$

弯矩平面内稳定满足要求。

同时，由于构件截面无削弱，其强度承载力一定高于稳定承载力，故不必检算。

4. 解：

分析：根据压弯构件弯矩作用平面外稳定公式 $\dfrac{N}{\varphi_y A} + \eta \dfrac{\beta_{tx} M_x}{\varphi_b W_x} \leqslant f$ 即可求出 $N_{\max}$（式中 $M_x = Ne$）。求平面外稳定，主要是对 φ_y、φ_b 的计算。φ_y 为把构件当作轴心受压构件计算其弯矩作用平面外失稳时的稳定系数；φ_b 为把构件当作受弯构件计算的稳定系数，当 φ_b 计算值大于 0.6 时，说明构件进入弹塑性阶段失稳，需要修正为 φ'_b。

（1）计算截面特性。

宽翼缘 H 型钢 HW200×200×8×12 的截面特性可查表得

$$A = 6\,428 \text{ mm}^2; \quad W_x = 4.77 \times 10^5 \text{ mm}^3; \quad i_y = 49.9 \text{ mm}$$

（2）压杆稳定系数 φ_y 计算。

查表可知宽翼缘 H 型钢压杆绕强轴方向的稳定属于 c 类，因此根据 c 类稳定系数表，由 $\lambda_y = \dfrac{l_{0y}}{i_y} = \dfrac{4\,000}{49.9} = 80$，查得：$\varphi_y = 0.578$。

（3）受弯构件稳定系数 φ_b 计算。

轧制 H 型钢简支梁的稳定系数 φ_b 按下式计算：

$$\varphi_b = \beta_b \frac{4\,320}{\lambda_y^2} \cdot \frac{Ah}{W_x} \left[\sqrt{1 + \left(\frac{\lambda_y t_1}{4.4h}\right)^2} + \eta_b\right] \frac{235}{f_y}$$

对于端部有弯矩，但跨中无荷载作用的简支梁：

$$\beta_b = 1.75 - 1.05 \left(\frac{M_2}{M_1}\right) + 0.3 \left(\frac{M_2}{M_1}\right)^2$$

所以 $\beta_b = 1.0$。

对于双轴对称截面简支梁：$\eta_b = 0$。

$$\varphi_b = 1.0 \times \frac{4\,320}{80^2} \times \frac{6\,428 \times 200}{4.77 \times 10^5} \times \left[\sqrt{1+\left(\frac{80\times 12}{4.4\times 200}\right)^2}+0\right]\frac{235}{235} = 2.69$$

> 0.6，需要进行修正

$$\varphi'_b = 1.07 - 0.282/\varphi_b = 0.965$$

（4）计算平面外稳定承载力 N。

采用平面外稳定计算公式：$\dfrac{N}{\varphi_y A}+\eta\dfrac{\beta_{tx}M_x}{\varphi_b W_x} \leqslant f$

对于非闭口截面：$\eta = 1.0$

对于无横向荷载作用的构件：$\beta_{tx} = 0.65 + 0.35\dfrac{M_2}{M_1} = 1.0$

$$\frac{N}{0.578\times 6\,428}+1.0\times\frac{1.0\times N\times 50}{0.965\times 4.77\times 10^5}\leqslant 215 \text{ (kN)} \Rightarrow N \leqslant 569.1 \text{ kN}$$

故 $N_{\max} = 569.1$ kN。

5. 解：

分析：双轴对称截面压弯构件的强度、平面内稳定和平面外稳定的计算公式分别为：

$\dfrac{N}{A_n}+\dfrac{M_x}{\gamma_x W_{nx}}\leqslant f$、$\dfrac{N}{\varphi_x A}+\dfrac{\beta_{mx}M_x}{\gamma_x W_x(1-0.8N/N'_{Ex})}\leqslant f$、$\dfrac{N}{\varphi_y A}+\eta\dfrac{\beta_{tx}M_x}{\varphi_b W_x}\leqslant f$。因有侧向支承，故弯矩作用平面内、外的构件计算长度不同；相应的 β_{mx}、β_{tx} 的取值也不同。对于无截面削弱的压弯构件，若稳定计算满足则强度一般均能满足，通常可以不检算。

（1）计算截面特性：

$$A = 16\times 300\times 2 + 10\times 600 = 15\,600 \text{ (mm}^2\text{)}$$

$$I_x = \frac{1}{12}\times 10\times 600^3 + 16\times 300\times (600/2+16/2)^2\times 2 = 1.09\times 10^9 \text{ (mm}^2\text{)}$$

$$W_x = 3.45\times 10^6 \text{ (mm}^3\text{)}$$

$$i_x = \sqrt{I_x/A} = \sqrt{1.09\times 10^9/15\,600} = 264 \text{ (mm)}$$

$$I_y = \frac{1}{12}\times 16\times 300^3\times 2 = 7.2\times 10^7 \text{ (mm}^2\text{)}$$

$$i_y = \sqrt{I_y/A} = \sqrt{7.2\times 10^7/15\,600} = 68 \text{ (mm)}$$

（2）刚度检算：

$\lambda_x = l_{0x}/i_x = 12\,000/264 = 45.5 < [\lambda] = 150$，该方向刚度满足要求

$\lambda_y = l_{0y}/i_y = 4\,000/68 = 59 < [\lambda] = 150$，该方向刚度也满足要求

（3）弯矩平面内整体稳定检算。

查表可知组合工字形截面压杆绕强轴（x 轴）方向的稳定属于 b 类，因此根据 b 类稳定系数表，由 $\lambda_x = 45.5$ 查得：$\varphi_x = 0.876$。

对于无端弯矩但有横向荷载作用时：$\beta_{mx} = 1.0$。

$$N'_{Ex} = \frac{\pi^2 EA}{1.1\lambda_x^2} = \frac{\pi \times 206 \times 10^3 \times 15\,600}{1.1 \times 45.5^2} = 4.433 \times 10^6 \text{ (N)} = 4\,433 \text{ kN}$$

$$M_x = \frac{1}{4}Fl = \frac{1}{4} \times 100 \times 12 = 300 \text{ (kN·m)}$$

弯矩平面内稳定：

$$\frac{N}{\varphi_x A} + \frac{\beta_{mx} M_x}{\gamma_x W_x (1-0.8N/N'_{Ex})} = \frac{1\,000 \times 10^3}{0.876 \times 15\,600} + \frac{1.0 \times 300 \times 10^6}{1.05 \times 3.45 \times 10^6 \times (1-0.8 \times 1\,000/4433)}$$

$$= 174.2 \text{ (N/mm}^2\text{)}$$

$$< f = 215 \text{ N/mm}^2$$

弯矩平面内稳定满足要求。

（4）取中段构件对弯矩平面外整体稳定进行检算。

查表可知组合工字形截面压杆绕弱轴（y 轴）方向的稳定属于 b 类，因此根据 b 类稳定系数表，由 $\lambda_y = 59$ 查得：$\varphi_y = 0.813$。

焊接组合工字形截面钢简支梁的稳定系数 φ_b 按下式计算：

$$\varphi_b = \beta_b \frac{4\,320}{\lambda_y^2} \cdot \frac{Ah}{W_x} \left[\sqrt{1 + \left(\frac{\lambda_y t_1}{4.4h}\right)^2} + \eta_b \right] \frac{235}{f_y}$$

当跨中有不少于两个等距离侧向支承点时，偏安全地考虑：$\beta_b = 1.2$。

对于双轴对称截面简支梁：$\eta_b = 0$。

$$\varphi_b = 1.0 \times \frac{4\,320}{59^2} \times \frac{15\,600 \times 632}{3.45 \times 10^6} \times \left[\sqrt{1 + \left(\frac{59 \times 16}{4.4 \times 632}\right)^2} + 0\right]\frac{235}{235} = 3.75$$

> 0.6，需要进行修正

$$\varphi'_b = 1.07 - 0.282/\varphi_b = 0.995$$

采用公式 $\dfrac{N}{\varphi_y A} + \eta \dfrac{\beta_{tx} M_x}{\varphi_b W_x} \leqslant f$ 检算平面外稳定。

对于非闭口截面：$\eta = 1.0$。

当有端弯矩和横向荷载同时作用时如使构件段产生同向曲率，则：$\beta_{tx} = 1.0$。

故 $\dfrac{N}{\varphi_y A} + \eta \dfrac{\beta_{tx} M_x}{\varphi_b W_x} = \dfrac{1\,000 \times 10^3}{0.813 \times 15\,600} + 1.0 \times \dfrac{1.0 \times 300 \times 10^6}{0.995 \times 3.45 \times 10^6} = 166.2$ (N/mm^2) $\leqslant f = 215$ N/mm^2

弯矩平面外稳定满足要求。

（5）强度检算：

$$\sigma_{max} = \frac{N}{A_n} + \frac{M_x}{\gamma_x W_{nx}} = \frac{1\,000 \times 10^3}{15\,600} + \frac{300 \times 10^6}{1.05 \times 3.45 \times 10^6} = 146.9 \text{ (N/mm}^2\text{)}$$

$$< f = 215 \text{ N/mm}^2$$

强度满足要求。

参考文献

[1] 中华人民共和国国家标准. GB 5017—2003 钢结构设计规范[S]. 北京：中国计划出版社，2003.

[2] 中华人民共和国国家标准. GB 5068—2001 建筑结构可靠度设计统一标准[S]. 北京：中国建筑工业出版社，2001.

[3] 中华人民共和国国家标准. GB 50009—2001 建筑结构荷载规范[S]. 北京：中国建筑工业出版社，2002.

[4] 中华人民共和国国家标准. GB 50205—2001 钢结构工程施工质量验收规范[S]. 北京：中国计划出版社，2001.

[5] 中华人民共和国国家标准. GB 50018—2002 冷弯薄壁型钢结构技术规范[S]. 北京：中国计划出版社，2002.

[6] 中华人民共和国国家标准. JGJ 81—2002 建筑钢结构焊接技术规程[S]. 北京：中国建筑工业出版社，2002.

[7] 刘智敏. 钢结构设计原理[M]. 1版. 北京：北京交通大学出版社，2012.

[8] 彭伟. 钢结构设计原理[M]. 1版. 成都：西南交通大学出版社，2004.

[9] 颜卫亨. 钢结构典型题解析及自测试题[M]. 1版. 西安：西北工业大学出版社，2002.

[10] 张耀春. 钢结构设计原理[M]. 1版. 北京：高等教育出版社，2004.

[11] 丁南宏，孙建琴. 钢结构设计原理学习指导与习题精解[M]. 1版. 北京：中国铁道出版社，2012.

[12] 王国周，瞿履谦. 钢结构原理与设计[M]. 1版. 北京：清华大学出版社，1993.